“十三五”国家重点图书出版规划项目
材料科学研究与工程技术/预拌混凝土系列

《预拌混凝土系列》总主编 张巨松

# 再生泵送混凝土

RECYCLED PUMPING CONCRETE

高 嵩 张巨松 吴本清 编著
李秋义 主审

哈爾濱工業大學出版社
HARBIN INSTITUTE OF TECHNOLOGY PRESS

## 内容简介

再生混凝土是一种新型的环保生态混凝土，再生混凝土预拌技术是一种新兴混凝土生产技术，而预拌再生混凝土泵送技术的开发和应用，为再生混凝土市场化和工业化生产提供了合理的技术参数和依据，具有广阔的应用前景。但是再生骨料的组分与性质差异较大，对预拌再生混凝土的泵送技术影响也较大，为确保再生泵送混凝土性能的稳定，需加强不同种类骨料、不同使用环境及不同性能指标的系统试验研究。

本书介绍的再生产品涵盖了再生粗、细骨料和建筑垃圾微粉制备的泵送混凝土。本书针对废弃混凝土再生骨料高品质再利用的难点，较系统地介绍了再生原料掺量、胶凝材料体系变化、胶凝材料用量变化等因素对再生泵送产品性能的影响，为工程应用提供多种参考。

本书适合从事固体废物再生产品开发人员、商品混凝土生产应用及培训和管理人员参考使用。

**图书在版编目(CIP)数据**

再生泵送混凝土/高嵩，张巨松，吴本清编著. —哈尔滨：哈尔滨工业大学出版社，2019.3

ISBN 978-7-5603-7343-0

Ⅰ.①再…　Ⅱ.①高…②张…③吴…　Ⅲ.①再生混凝土-研究　Ⅳ.①TU528.59

中国版本图书馆CIP数据核字(2018)第074335号

材料科学与工程
图书工作室

策划编辑　许雅莹　杨　桦　张秀华
责任编辑　李长波　佟　馨
出版发行　哈尔滨工业大学出版社
社　　址　哈尔滨市南岗区复华四道街10号　邮编150006
传　　真　0451-86414749
网　　址　http://hitpress.hit.edu.cn
印　　刷　哈尔滨市石桥印务有限公司
开　　本　660mm×980mm　1/16　印张10.25　字数180千字
版　　次　2019年3月第1版　2019年3月第1次印刷
书　　号　ISBN 978-7-5603-7343-0
定　　价　38.00元

# 丛书序

混凝土从近代水泥的第一个专利(1824 年)算起,发展到今天已经近两个世纪了,关于混凝土的发展历史专家们有着相近的看法。吴中伟院士在其所著的《膨胀混凝土》一书中总结:水泥混凝土科学历史上曾有过 3 次大突破:

(1)19 世纪中叶至 20 世纪初,钢筋和预应力钢筋混凝土的诞生。

(2)膨胀和自应力水泥混凝土的诞生。

(3)外加剂的广泛应用。

黄大能教授在其著作中提出,水泥混凝土科学历史上曾有过 3 次大突破:

(1)19 世纪中叶,法国首先出现钢筋混凝土。

(2)1928 年,法国 E. Freyssinet 提出了混凝土收缩徐变理论,采用了高强钢丝,发明了预应力锚具,成为预应力混凝土的鼻祖、奠基人。

(3)20 世纪 60 年代以来,外加剂新技术层出不穷。

材料科学在水泥混凝土科学中的表现可以理解为:

(1)金属材料、无机非金属材料、高分子材料分别出现。

(2)19 世纪中叶至 20 世纪初无机非金属材料和金属材料的复合。

(3)20 世纪中叶金属材料、无机非金属材料和高分子材料的复合。

由此可见,人造三大材料即金属材料、无机非金属材料和高分子材料在水泥基材料中,于 20 世纪 60 年代完美复合。

1907 年,德国人最先取得混凝土输送泵的专利权;1927 年,德国的 Fritz Hell 设计制造了第一台得到成功应用的混凝土输送泵;荷兰人 J. C. Kooyman 在前人的基础上进行改进,于 1932 年成功地设计并制造出采用卧式缸的 Kooyman 混凝土输送泵;到 20 世纪 50 年代中叶,西德的 Torkret 公司首先设计出用水作为工作介质的混凝土输送泵,标志着混凝土输送泵的发展进入了一个新的阶段;1959 年西德的 Schwing 公司生产出第一台全液压混凝土输送泵,混凝土输送泵的不断发展也标志着泵送混凝土的快速发展。

1935 年,美国的 E. W. Scripture 首先研制成功了以木质素磺酸盐为主要成分的减水剂(商品名“Pozzolith”),于1937年获得专利,标志着普通减水剂的诞生;1954年,制定了第一批混凝土外加剂检验标准;1962年,日本花王石碱公司服部健一等人研制成功β-萘磺酸甲醛缩合物钠盐(商品名“麦蒂”),即萘系高效减水剂;1964年,联邦德国的Aignesberger等人研制成功三聚氰胺减水剂(商品名“Melment”),即树脂系高效减水剂,标志着高效减水剂的诞生。

20世纪60年代,混凝土外加剂技术与混凝土泵技术结合诞生了混凝土的新时代——预拌混凝土。经过半个世纪的发展,预拌混凝土已基本成熟,为此,我们组织编写了《预拌混凝土系列》丛书,希望系统总结预拌混凝土的发展成果,为行业后来者的迅速成长铺路搭桥。

本系列丛书内容宽泛,加之作者水平有限,不当之处敬请读者指正!

**总主编　张巨松**
2017年12月

# 前　言

中国处于不断城镇化的进程中，建筑垃圾排放量逐年增长，可再生组分比例也不断提高。但其中大部分建筑垃圾未经任何处理，被运往郊外或城市周边进行简单填埋或露天堆存，不仅浪费了土地和资源，还污染了环境。究其原因是由于砂石骨料来源广泛、易得、价格低廉，被认为是取之不尽、用之不竭的原材料而不被重视，随意开采，甚至滥采滥用。目前随着人口的日益增多，建筑业作为国民经济的支柱产业也有了突飞猛进的发展，对砂石骨料的需求量不断增长。而长期开采造成的资源枯竭，使得原有砂石骨料资源丰富的现象也不复存在，建筑业的可持续发展与骨料短缺的矛盾日益突出。在一定意义上讲，天然砂石属于不可再生资源，它们的形成需要漫长的地质年代。如果不加限制地开采，不久我们将面临天然骨料短缺的困境，就如当前的煤炭、石油、天然气短缺一样。

生产和利用建筑垃圾再生骨料对于节约资源、保护环境和实现建筑业的可持续发展具有重要意义。土木建筑工程作为最大的资源耗费产业之一应成为实施这一战略的重点行业，土建废料和垃圾的再利用与资源化是落实这项战略的有效途径。建筑垃圾用于混凝土生产的方式有两种，一种为分解出建筑垃圾中的混凝土块体加工成再生混凝土骨料，一种为直接用建筑垃圾生产再生混合骨料。

由废弃混凝土制备的骨料称为再生混凝土骨料（简称再生骨料）。仅仅通过简单破碎和筛分工艺制备的再生骨料颗粒棱角多、表面粗糙，组分中还含有硬化水泥砂浆，再加上混凝土块在破碎过程中因损伤累积在内部造成大量微裂纹，导致再生骨料自身的孔隙率大、吸水率大、堆积密度小、空隙率大、压碎指标高，这种再生骨料制备的再生混凝土用水量较大，硬化后的强度低、弹性模量低，而且抗渗性、抗冻性、抗碳化能力、收缩、徐变和抗氯离子渗透性等耐久性能均低于普通混凝土。另外，由于废弃混凝土质量差异较大，通过简单工艺制备的再生骨料性能差异也较大，不便于再生骨料的推广应用。为了提高再生混凝土的性能，须对简单破碎获得的低品质再生骨料进行强化处理，即通过改善骨料粒形和除去再生骨料表面所附着的硬化水泥石，提高骨料的性能。强化后的再生骨料不仅性能显著提高，而且不同强度等级废弃混凝土制备的再生骨料性能差异也较小，有利于再生骨料的质量控制，便于再生混凝土的推广应用。

本书所述的再生混凝土所使用的再生骨料产品结合我国国家标准《混凝土用再生粗骨料》(GB/T 25177—2010)和《混凝土和砂浆用再生细骨料》(GB/T 25176—2010)，使用再生粗、细骨料均为颗粒整形强化后的骨料，骨料性能的提高显著改善了再生混凝土产品的性能。本书探讨了用矿粉、粉煤灰、水泥和再生骨料配制再生泵送混凝土和再生自密实混凝土；介绍的再生产品的研究涵盖了泵送再生粗、细骨料混凝土，研究范围广泛；较系统地介绍了再生原料掺量、胶凝材料体系变化、胶凝材料用量变化等因素对再生泵送产品性能的影响，为工程应用提供多种参考。

由于再生骨料性质比较特别，尤其是随粒度变化，再生骨料的组分与性质差异较大，因此，预拌再生混凝土的泵送技术影响因素多，需加强试验研究，以确保其性能的稳定性。预拌再生混凝土泵送技术的开发和应用，为再生混凝土市场化和工业化生产提供了合理的技术参数和依据，促进了再生混凝土的应用与发展。预拌再生混凝土的开发和应用，是绿色建筑材料研究的重要方向。同时，预拌再生混凝土作为一种新的生产技术，为混凝土产业的发展提出了新的思路，具有广阔的应用前景。预拌再生混凝土的生产技术研究为再生混凝土市场化和工业化生产提供了合理的技术支持和理论依据，将促进再生混凝土的应用与发展。再生混凝土作为一种新型的生态混凝土，必将为现代社会节约能源与资源、保护人类生存环境，可持续地提供更为宽广的研究方向。

由于时间所限，书中疏漏及不足之处在所难免，请广大读者批评指正。

作　者

2018 年 12 月

# 目　　录

# 第1章　绪　论

## 1.1　建筑垃圾的定义、组成和分类

### 1.1.1　建筑垃圾的定义

混凝土材料是人类文明建设中不可缺少的物质基础，是近代最广泛使用的建筑材料，是当前最大宗的人造材料，它在市政、桥梁、道路、水利以及军事领域发挥着不可替代的作用和功能，成为现代社会文明最重要的物质基石。随着人类文明的不断进步，混凝土材料的人均消费量越来越大，与此同时产生的环境污染问题也越来越显著。随着世界经济的迅速发展及大规模的建设开展，人们对建筑材料的需求量越来越大，从而对环境造成的压力也越来越大。美国每年仅废弃的混凝土就有16 000万t，欧洲共同体每年废弃的混凝土已增加到16 200万t左右。我国每年新建房屋约6.5亿$m^2$，新建房屋每修建一个平方米排出的垃圾为0.5~0.6 t。我国建筑垃圾的数量已占到城市垃圾总量的30%~40%。据对砖混结构、全现浇结构和框架结构等建筑的施工材料损耗的粗略统计，在每万平方米建筑的施工过程中，仅建筑垃圾就会产生500~600 t；除此之外，旧建筑物的拆除垃圾也不容忽视，每平方米旧建筑物拆除垃圾为0.5~1.5 t，拆除每万平方米的旧建筑物，将产生7 000~12 000 t建筑垃圾，而中国每年拆毁的旧建筑占建筑总量的40%。而且，20世纪50年代初期浇筑的许多混凝土与钢筋混凝土结构物，大部分已经进入了老化毁坏阶段，城市改造建设也会拆除部分旧建筑，解体混凝土今后将越来越多。以北京为例，其每年产生的建筑垃圾多达4 000万t。对如此大量产生的建筑垃圾，我国处理的方式目前主要仍为填埋与露天堆放，处置方式单一，易产生大量环境问题，并占用宝贵土地资源。

不同国家和地区对建筑垃圾有不同的定义和解释，例如：

(1)日本对建筑垃圾的定义为“伴随拆迁构筑物产生的混凝土破碎块和其他类似的废弃物”，是稳定性产业废弃物的一种。在厚生劳动省的相关指南中，更具体化为“混凝土碎块”“沥青混凝土砂石凝结块废弃物”等，而木制

品、玻璃制品、塑料制品等废材并不包括在“建筑废材”中。

(2)美国国家环境保护司对建筑垃圾的定义是“建筑垃圾是在建筑物新建、扩建和拆除过程中产生的废弃物质”。废弃物包括各种形态和用途的建筑物和构筑物,通常将其分为五类,即交通工程垃圾、挖掘工程垃圾、拆卸工程垃圾、清理工程垃圾和扩建翻新工程垃圾。

(3)根据中华人民共和国住房和城乡建设部2003年颁布的《城市建筑垃圾和工程渣土管理规定》,建筑垃圾、工程渣土,是指建设、施工单位或个人对各类建筑物、构筑物等进行建设、拆迁、修缮及居民装饰房屋过程中所产生的余泥、余渣、泥浆及其他废弃物。建筑垃圾按照来源可分为土地开挖、道路开挖、旧建筑物拆除、建筑施工和建材生产垃圾五类。

(4)香港环境保护署将建筑垃圾分为两类:新建过程中的垃圾和拆除过程中的垃圾。新建过程中的垃圾包括报废的建筑材料、多余的材料、使用后抛弃的材料等。

### 1.1.2 建筑垃圾的组成和分类

**1. 建筑垃圾的组成**

建筑垃圾中土地开挖垃圾、道路开挖垃圾和建材生产垃圾,一般成分比较单一,其再生利用或处置比较容易。建筑施工垃圾和旧建筑物拆除垃圾一般是在建设过程中或旧建筑物维修、拆除过程中产生,大多为混凝土、砖等固体废弃物,回收利用复杂,是研究的重点。本书只讨论建筑施工垃圾和旧建筑物拆除垃圾。

建筑施工垃圾和旧建筑物拆除垃圾大多为固体废弃物,其组成成分相差较大,表1.1为中国香港特别行政区的旧建筑物拆除垃圾和建筑施工垃圾组成比较。

**表1.1 中国香港特别行政区的旧建筑物拆除垃圾和建筑施工垃圾组成比较**

| 成分 | 旧建筑物拆除垃圾/% | 建筑施工垃圾/% |
|---|---|---|
| 沥青 | 1.61 | 0.13 |
| 混凝土 | 54.21 | 18.42 |
| 石块、碎石 | 11.78 | 23.87 |
| 泥土、灰尘 | 11.91 | 30.55 |
| 砖块 | 6.33 | 2.00 |
| 砂 | 1.44 | 1.70 |
| 玻璃 | 0.20 | 0.56 |

续表 1.1

| 成分 | 旧建筑物拆除垃圾/% | 建筑施工垃圾/% |
|---|---|---|
| 金属(含铁) | 3.41 | 4.36 |
| 塑料管 | 0.61 | 1.13 |
| 竹、木料 | 7.46 | 10.95 |
| 其他有机物 | 1.30 | 3.05 |
| 其他杂物 | 0.11 | 0.27 |
| 合计 | 100 | 100 |

表 1.2 列出了不同结构形式的建筑物产生的施工垃圾组成比例和单位建筑面积产生施工垃圾量。其中,碎砖(碎砌块)、混凝土、砂浆、桩头、包装材料等约占建筑施工垃圾总量的 80%。

**表 1.2 建筑施工垃圾的组成比例**

| 垃圾组成 | 施工垃圾组成比例/% | | | 占材料购买量的比例/% |
|---|---|---|---|---|
| | 砖混结构 | 框架结构 | 框架剪力墙结构 | |
| 碎砖(碎砌块) | 30~50 | 15~30 | 10~20 | 3~12 |
| 砂浆 | 8~15 | 10~20 | 10~20 | 5~10 |
| 混凝土 | 3~15 | 15~30 | 16~35 | 1~4 |
| 桩头 | — | 8~15 | 8~20 | 5~15 |
| 包装材料 | 5~15 | 5~20 | 10~20 | — |
| 钢材 | 1~5 | 2~8 | 2~8 | 2~8 |
| 木材 | 1~5 | 1~5 | 1~5 | 5~8 |
| 屋面材料 | 2~5 | 2~5 | 2~5 | 3~8 |
| 其他 | 10~20 | 10~20 | 10~20 | — |
| 单位建筑面积产生施工垃圾量/($kg \cdot m^{-2}$) | 50~200 | 45~150 | 40~150 | — |

不同结构形式的建筑物产生的建筑废弃物差异较大,我国建筑废弃物主要包括以下几种:

(1)砌体结构建筑物拆除后形成的建筑废弃物主要由砖块、砂浆、预制(现浇)钢筋混凝土楼板等组成。图 1.1 为民用建筑垃圾。

(2)混凝土结构建筑物拆除后形成的建筑废弃物主要由钢筋混凝土块、砌块(砖)等组成。图 1.2 为废弃的工业建筑垃圾以及高层民用建筑垃圾。

(3)建筑物基础部分拆除后形成的建筑废弃物根据建筑物地下结构形式而定,往往含有大量毛石,如图 1.3 所示。

图 1.1　砌体结构拆除物

图 1.2　混凝土结构拆除物

图 1.3　地下结构拆除物

建筑物拆除后,应尽早对建筑垃圾进行分类回收,防止建筑垃圾长时间堆放后,混杂过多的泥土、杂物(图1.4),给分选工作带来困难,降低再生骨料的品质。美国和中国香港建筑物拆除垃圾的组成如图1.5所示,我国内地建筑物拆除垃圾的组成如图1.6所示,大多数建筑物拆除垃圾可以作为再生资源循环利用。在进行建筑垃圾的回收利用时,应注意建筑垃圾的选取。

图1.4 未及时回收的其他建筑垃圾

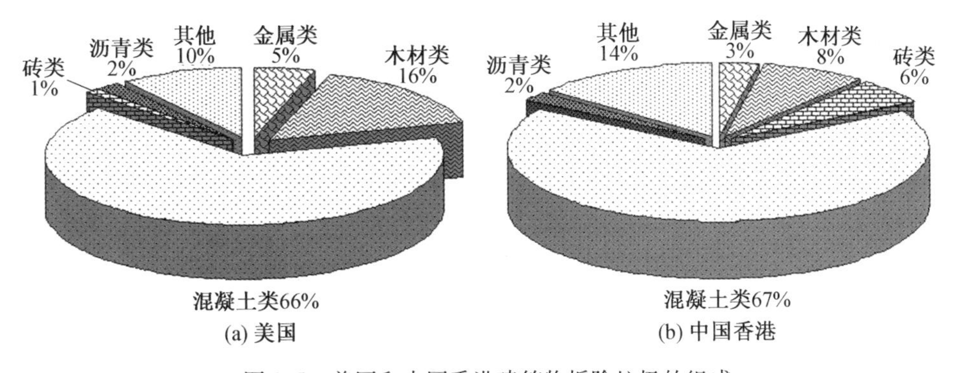


图1.5 美国和中国香港建筑物拆除垃圾的组成

**2. 建筑垃圾的分类**

根据《城市建筑垃圾和工程渣土管理规定》,按照来源分类,建筑垃圾可分为土地开挖、道路开挖、旧建筑物拆除、建筑施工和建材生产垃圾五类。

按照回收利用方式,建筑垃圾可分为:

①可直接利用的材料,如旧建筑材料中可直接利用的窗、梁、尺寸较大的木料等;

②可再生利用的材料,如废弃混凝土、废砖、未处理过的木材和金属,经过

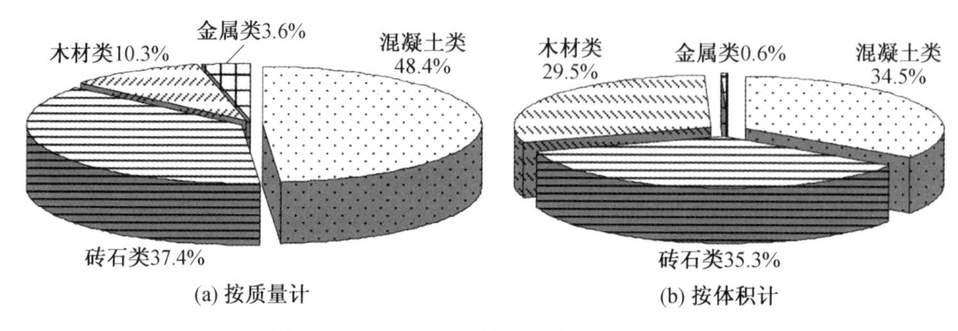


(a) 按质量计 (b) 按体积计

图 1.6 我国内地建筑物拆除垃圾的组成

再生后其形态和功能都和原先有所不同;

③没有利用价值的废料,如难以回收的或回收代价过高的材料,可用于回填或焚烧。

按照成分,建筑垃圾可分为:

①金属类(钢铁、铜、铝等);

②非金属类(混凝土、砖、竹木材、装饰装修材料等)。

按照能否燃烧,建筑垃圾可分为:

①可燃物;

②不可燃物。

### 1.1.3 建筑垃圾的危害

**1. 污染土壤**

随着城市建筑垃圾量的增加,垃圾堆放点也在增加,垃圾堆放场的面积也在逐渐扩大。此外,露天堆放的城市建筑垃圾在种种外力作用下,较小的碎石块也会进入附近的土壤,改变土壤的物质组成,破坏土壤的结构,降低土壤的生产能力。

**2. 影响空气质量**

建筑垃圾在堆放过程中,在温度、水分等因素的作用下,某些有机物质发生分解,产生有害气体;垃圾中的细菌、粉尘随风飘散,造成对空气的污染;少量可燃建筑垃圾在焚烧过程中会产生有毒的致癌物质,对空气造成二次污染。

**3. 污染水域**

建筑垃圾在堆放和填埋过程中,由于发酵和雨水的淋溶、冲刷,以及地表水和地下水的浸泡而渗滤出的污水,会造成周围地表水和地下水的严重污染。垃圾渗滤液内不仅含有大量有机污染物,而且含有大量金属和非金属污染物,水质成分很复杂。一旦饮用这种受污染的水，将会对人体造成很大危害。

**4. 破坏市容，恶化市区环境卫生**

城市建筑垃圾占用空间大，堆放杂乱无章，与城市整体形象极不协调，工程建设过程中未能及时转移的建筑垃圾往往成为城市的卫生死角，如图1.7所示。混有生活垃圾的城市建筑垃圾如不能进行适当处理，一旦遇雨天，脏水污物四溢，恶臭难闻，并且往往成为细菌的滋生地。以北京为例，相关资料显示：奥运工程建设前对原有建筑的拆除，以及新工地的建设，北京每年都要设置20多个建筑垃圾消纳场，造成不小的土地压力。

**5. 安全隐患**

大多数城市建筑垃圾堆放地的选址在很大程度上具有随意性，留下了不少安全隐患。施工场地附近多成为建筑垃圾的临时堆放场所，由于只图施工方便和缺乏应有的防护措施，在外界因素的影响下，建筑垃圾堆出现崩塌，阻碍道路甚至冲向其他建筑物的现象时有发生。

图1.7 建筑垃圾及其对环境的影响

## 1.2 建筑垃圾再生加工

建筑垃圾中所含有的水泥基材料（普通混凝土、轻骨料混凝土、水泥砂浆、混凝土构件与制品等）、烧结类材料（烧结砖、黏土瓦、陶瓷瓦等）、天然石材类材料，通过回收、加工和强化处理所得的再生产品，可作为新混凝土及其制品、新型墙体材料、道路结构基础或副基、大体积回填的基础材料，循环再生建筑垃圾不但可实现建筑垃圾的资源化、减量化、无害化，解决建筑垃圾的处治和环境问题，而且可缓解我国基础设施建设用原料供应紧张的矛盾，符合可持续发展战略。图1.8为建筑垃圾循环再生及其应用流程。

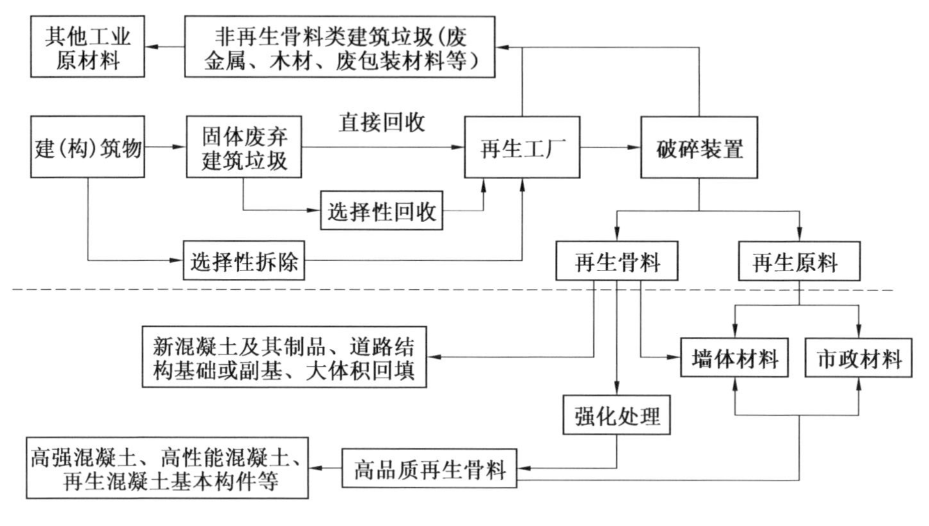


图 1.8 建筑垃圾循环再生及其应用流程

### 1.2.1 建筑物的拆除

拆除是建筑垃圾循环再生的基础和前期工作。根据建筑物类型、拆除要求、现场环境等选择拆除方案。常用的拆除方法有整体爆破、无声破碎、钻孔炸药爆破和机械拆除等。

整体爆破一般用于拆除整个建筑物,它通常会对周围建筑物产生一定程度的损伤,适用于周围没有重要建筑群的大型建筑物的拆除。无声破碎是在旧建筑物中埋置大量的无声破碎剂,通过超量膨胀而使旧结构破裂的一种新型拆除技术。它对周围建筑没有影响,适用于整体或局部拆除,但效率较低。钻孔炸药爆破是局部切割和部分拆除混凝土结构的有效方法,通常拆除结构的厚度为200 ~300 mm 才有价值。从安全、对周围环境和建筑的破坏、成本等综合考虑,常用机械拆除。

建筑垃圾再生率取决于其杂质含量[①]和再生产品应用要求,尤其是前者。拆除建筑物时可能混杂有黏土或其他废料,也可能被其他杂质污染。因此,拆除期间采取适宜的防护措施可增加拆除建筑垃圾再生的可能性,提高再生价值。例如,在结构拆除以前,先去除各种各样的装修材料、防水材料、木材、渣土、钢和金属构件等非常必要。显然,选择性拆除措施是保证建筑垃圾再生产

①含量,若无特殊说明,则为质量分数。

品质量、提高建筑垃圾再生率的重要保障。

### 1.2.2 建筑垃圾的回收

为提高建筑垃圾再生率和再生产品质量，建筑垃圾本身质量至关重要。建筑垃圾质量通常与建筑物的结构体系、建设年代、拆除方式、回收方式、堆放形式和管理有关。20 世纪 80 年代以前，我国建筑结构以砖混结构为主，在现阶段旧城改造和城市基础设施建设期间，排放的建筑垃圾渣土含量高，废混凝土和废砖瓦含量相对较低。因此就目前我国建筑垃圾的组成和再生技术工业化技术水平而言，有必要从四个方面控制回收建筑垃圾质量：选择性拆除、选择性回收、分类回收、建立档案。

选择性回收可使建筑垃圾再生率达到 95% 以上，甚至 100%。无论从技术上还是经济上，这是现阶段再生企业应采取的回收方式。如柳州市河腾新型建材有限责任公司选择性回收废砖，通过再生处理，使其成为再生原料，用于生产砖渣混凝土砌块，再生原料利用率达 60%。泰州市方正建材有限公司选择性回收废砖和废混凝土块，100% 再生为再生原料和再生骨料，分别用于生产砌筑用混凝土砖和市政制品。天津市裕川置业集团有限公司选择性回收废弃混凝土，通过再生处理，使其成为再生混凝土粗骨料和再生混凝土细骨料，用于制备新混凝土和混凝土制品（包括混凝土砌块、混凝土砖和市政制品）。邯郸全有生态建材有限公司没有采取选择性回收，而是在加工生产线上增加了振动筛分装置（去除渣土和细粉）和人工分拣工序，然后再进行再生原料的加工和处理。

分类回收建筑垃圾同样重要，通常按水泥基、烧结类和天然石材类材料分类回收、堆放。水泥基类建筑垃圾以普通混凝土为主，再生产品以再生骨料为主，可用作低强度等级混凝土及制品的骨料。若经过强化处理，成为高品质再生骨料，可以用于制备高强混凝土或高性能混凝土。废砖瓦为主的烧结类建筑垃圾，再生骨料质量较差，通常只能用于生产低强度等级墙体材料。

### 1.2.3 建筑垃圾的再生加工

建筑垃圾是一种多组分混合物，除废混凝土、废砖瓦等无机硬质组分外，还含有其他组分，如木材、沥青、废金属（钢、铁、铝等）、废橡胶和废塑料等，分离后可作为相应工业原材料。当然还含有一定的杂质，甚至是有毒或有污染的成分，不但无法再生利用，而且需要进行特别处理。如果采用选择性拆除和选择性回收措施，杂质和其他组成含量将很少。

加工建筑垃圾可在固定的再生工厂内实施,也可以采用移动式建筑垃圾再生生产线在施工现场进行。再生工厂通过成套生产线将建筑垃圾加工成给定颗粒尺寸的骨料,这与使用天然原料生产骨料的采石场基本相同,此外还有去除杂质的装置。生产线通常包括不同类型的破碎机、筛分和输送设备、去除杂质的装置等。按再生工艺及装备组合不同,再生工厂可分为三类:①除用于分离钢筋和其他金属材料的磁铁外,这类工厂没有其他去除杂质的附属设备,产品通常用于道路重建和再生工程。②在第一类再生工厂基础上,在破碎之前使用机械或手工方法除去大块杂质(包括金属、木材、硬质纤维板、塑料、涂层和各种不同类型的屋面材料),在破碎、筛分之后采用干法或湿法净化破碎产品。该工艺流程可适用于含有少量杂质的情况,再生产品质量较高。③所有建筑垃圾均在再生工厂内加工处理,然后全部变成原料或成品,无论是拆除现场还是再生工厂均不产生二次废料,从环境和经济角度而言,这是建筑垃圾资源化再生的最终目标。目前国内外建立的再生工厂均属于前两类。

## 1.3 建筑垃圾资源化综合利用

我国在建筑垃圾资源化再生利用研究和产业化方面起步较晚。由于技术和经济发展水平限制,许多优质拆除混凝土没有经任何再生处理,直接买地填埋,既浪费资源又影响环境。

### 1.3.1 现状

目前我国包括建筑物垃圾和工程弃土在内的建筑垃圾年产生量约为35亿t,其中每年仅拆除就产生15亿t建筑垃圾,这种趋势将在2020年左右达到峰值,这给我国造成巨大的环境威胁。我国对建筑垃圾资源化处置的政策支持力度不够,对其管理存在诸多不合理之处,各地方政府也对建筑垃圾处置企业缺乏大力支持,同时我国建筑垃圾资源化处理仍没有形成有效的产业化模式,也缺乏相应的行业标准,导致我国建筑垃圾资源化处置企业数量太少,建筑垃圾处理技术远落后发达国家,建筑垃圾资源化率只有不到5%,远远低于欧盟(90%)、日本(97%)和韩国(97%)等发达国家和地区。全国目前建筑垃圾资源化利用的企业中,年处理能力在100万t以上的生产线只有30多条,实际运营的生产线更少。基于以上情况,对我国建筑垃圾进行资源化处理显得尤其迫切。

近年来,国内一些专家学者在废弃混凝土利用方面进行了一些基础性的研究,并取得了一定的研究成果。例如,我国建筑垃圾资源化产业技术创新战略联盟将建筑垃圾资源化处置模式分为1.0模式、2.0模式和3.0模式。其中,1.0模式即以现场移动设备处置和填埋为主,主要产品为低品质砂石,处置过程中环境污染严重,没有形成被市场认可的商业模式;2.0模式即以固定设施处置为主,主要产品为合格的砂石、各种砖、非承重板材、无机料,资源化率一般在80%以下,且未资源化部分产生严重二次污染,盈利模式以政府补贴和政策支撑为主,没有补贴不能正常运营;3.0模式,即以固定设施处置为主,主要再生产品向多种类、高质量、高附加值方向发展,资源化率平均在95%以上,资源化过程基本实现污染物达标,盈利模式可以不再依靠政府补贴而进行市场化运营。

借助互联网的兴起,我国建筑垃圾资源化产业技术创新战略联盟的一体化项目已经开始4.0模式的设想与研究,即在3.0模式的基础上进一步强化技术标准与水平,再生产品附加值更高、更绿色环保,并能通过"互联网+"的运营模式,将数字化设计、数字化施工、数字化制造进行网络化融合、智能化生产与管理,将材料技术、能源技术、生物技术、3D打印技术进行高度融合。

实际生产中,建筑物拆除和新建建筑产生的建筑垃圾中,组分非常复杂,组成变化较大。由于混凝土和砖在物理力学性能上存在显著差异,废弃混凝土再生原料和废砖再生原料的组成变化,会对混凝土及制品的性能产生显著影响。建筑垃圾组成材料多样性、复杂性和不确定性,使得建筑垃圾的再生利用变得十分困难。

工业和信息化部等四部委发布的《绿色制造工程实施指南(2016~2020年)》中指出:"建筑垃圾生产再生骨料等技术改造升级。到2020年,主要再生资源利用率达到75%。"但是在实际应用中通常缺乏建筑垃圾和建筑垃圾再生产品的相关鉴定分级标准,控制再生混凝土的质量有一定的困难。我国建筑垃圾再生利用率低的原因主要是由于没有良好的激励措施来推动建筑垃圾再利用的开发,也没有建立一套完整的措施、政策和法律,使建筑垃圾再利用有法律保障和支持。

### 1.3.2 存在的问题

尽管目前我国建筑废弃物减排与利用工作取得了一定的成效,但与世界先进国家相比,还存在较大差距。

**1. 法规政策有待进一步完善**

缺少统一规划和法规支持,是建筑废弃物资源化再生利用工作推进乏力的主要原因。在具体的工作实践过程中,缺少法律依据和操作规程。

**2. 管理体制机制有待进一步理顺**

从建筑废弃物的处置管理环节看,一是管理建筑废弃物资源化综合利用和管理垃圾填埋的部门缺乏统一的客观标准,容易造成部门之间管理的交叉或缺位,造成综合利用企业无建筑废弃物来源,到处购买建筑废弃物的现象,导致该项工作无法顺利推进;二是制度建设上,建筑废弃物分类制度尚未建立,目前绝大部分进行混合收集,这样不可避免地增大了建筑废弃物资源化、无害化处理的难度,增加了分拣的成本,降低了再生利用效率;三是执法力度上,建筑废弃物处置监管力度不够,违法成本不高,造成部分建筑废弃物运输企业乱倒建筑废弃物,既影响城市形象又浪费了建筑废弃物资源。

**3. 建筑废弃物资源化再生利用率不高**

目前我国的建筑废弃物资源化再生利用率较低,只占全部建筑废弃物的5% ~10% 。

**4. 建筑废弃物综合利用的市场机制不够完善**

目前美国施行的建筑废弃物排放取费标准为 90 美元/t,丹麦为 45 欧元/t。中国香港推行的是"区别对待"的取费政策,对于运往填海区域进行堆填处理的惰性建筑废弃物收费为 27 港元/t;对于含 50% 以上(质量比)惰性建筑废弃物可运往分类分拣设施的,收费为 100 港元/t;而填埋场只接受含 50% 以下(质量比)的惰性建筑废弃物并且收费最高,为 125 港元/t。而目前我国大陆地区尚未出台建筑废弃物排放收费使用管理办法,无法对建筑废弃物的排放实行强制收费管理,导致大量的建筑废弃物未经过分类分拣就直接弃置于填埋场,也浪费了大量宝贵的土地资源。

**5. 缺乏具体有效的奖励政策支持**

目前,由于推动循环经济发展的法规和政策体系尚不够完善,尤其是针对建筑废弃物综合利用的产业政策、税收政策、土地政策、信贷政策及市场准入等方面配套政策尚未建立,制约了建筑废弃物再生企业的健康快速发展。由于建筑废弃物出售方往往是运输企业,不开具出售建筑废弃物的增值税发票,导致企业无法进行进项与销项抵扣,增加了企业的经营成本。同时,按现行税务规定,正规建筑废弃物处置企业在销售再生建材产品时需要承担 17% 增值税,无形之中增加了正规建筑废弃物处置企业税费负担,等等。

在建筑废弃物来源保障方面,由于对建筑废弃物的处置方式缺乏有效管理,大量建筑废弃物被个体业户控制并倒卖,导致正规建筑废弃物处理企业无法得到稳定的供应来源。在相关配套制度方面,由于建筑废弃物分类制度尚未建立，目前绝大部分进行混合收集，增加了建筑废弃物资源化、无害化处理的难度和分拣的成本，降低了再生利用效率；对建筑废弃物处置监管和执法力度不够，违法成本不高，造成部分建筑废弃物运输企业随意倾倒，既影响城市形象又浪费了资源。

### 1.3.3 废弃混凝土的综合利用

就目前我国废弃混凝土组成和再生技术工业化技术水平而言，国内科研单位的研究主要集中在少部分特定应用方面。国内的再生企业应用废弃建筑物选择性拆除和选择性回收制备再生产品，无法做到全组分再生利用。

**1. 配制再生骨料混凝土(Recycled Aggregate Concrete，RAC)**

对建筑废料中的废弃混凝土进行回收处理，将其作为循环再生骨料，一方面可以解决大量废弃混凝土的排放及其造成的生态环境日益恶化等问题；另一方面，可以减少天然骨料的消耗，从根本上解决资源的日益匮乏及对生态环境的破坏问题。因此，再生骨料是一种可持续发展的绿色建材。大量的工程实践表明，废旧混凝土经破碎、过筛等工序处理后可作为砂浆和混凝土的粗、细骨料(或称再生骨料)，用于建筑工程基础和路(地)面垫层、非承重结构构件、砌筑砂浆等；但是由于再生骨料与天然骨料相比性能较差(内部存在大量的微裂纹，压碎指标值高，吸水率高)，配制的混凝土工作性和耐久性难以满足工程要求。要推动混凝土的广泛应用，必须对再生骨料进行强化处理。比如日本利用加热研磨法处理的再生骨料各项性能已经接近天然骨料，但使用这种方法耗能较大，生产的再生骨料成本较高不利于推广利用。如利用颗粒整形技术强化得到的高品质再生骨料配制的混凝土的工作性能、力学性能、耐久性能等已经接近天然骨料混凝土，从根本上解决了再生骨料的各种缺陷，完全可以取代天然骨料应用于结构混凝土中，并可以利用再生粗细骨料制备泵送混凝土，用于生产施工。

**2. 配制绿化混凝土**

绿化混凝土属于生态混凝土的一种，它被定义为能够适应植物生长、可进行植被作业，并具有保护环境、改善生态环境、基本保持原有防护作用的混凝土块。混凝土的强度与孔隙率及骨料粒径成反比，即骨料越大、接点越少，混凝土强度也就随之下降，但要想植物深入就必须确保混凝土块具有一定的孔隙率。与此同时，混凝土浇筑后，水泥水化生成 $Ca(OH)_2$，使混凝土碱度增加，不利于植物生长。普通水泥混凝土的孔隙率约为4%、碱度为13，而绿化混凝土则要求其孔隙率达到20%以上、碱度下降到11左右，这样才能实现混凝土与绿色植物共存。因此，筛选合适的耐碱植物、解决混凝土孔隙率和强度的矛盾以及确定植物培养基是绿化混凝土技术要重点解决的问题。

**3. 制作景观工程**

利用建筑垃圾制作景观工程工艺简单，难度较小。对建筑垃圾筛选处理后，可进行堆砌胶结表面喷砂，做成假山景观工程。例如合肥市政务文化新区天鹅湖边护坡就利用了拆除的混凝土道路面层块。

**4. 用于地基基础加固**

建筑垃圾中的石块、混凝土块和碎砖块也可直接用于加固软土地基。建筑垃圾夯扩桩施工简便、承载力高、造价低，适用于多种地质情况，如杂填土、粉土地基、淤泥路基和软弱土路基等。

**5. 建筑垃圾粉体的再生利用**

建筑垃圾粉体是指在建筑工地或建筑垃圾处理厂产生的粒径小于0.075 mm的微小粉末，也有资料将建筑垃圾粉体定义为粒径小于0.16 mm的微小粉末。在利用建筑垃圾的各种方法中，利用颗粒整形技术对经过简单破碎的粗、细骨料进行强化处理已经被证明是一项成功的技术，但在整形过程中会产生占原料质量15%左右的粉体。粉体主要由硬化水泥石和粗、细骨料的碎屑组成，在一定条件下仍具有活性，如不加以利用，既会造成浪费又会产生新的污染。目前有关建筑垃圾粉体资源化的研究较少，主要有将建筑垃圾粉体用于生产硅酸钙砌块和用作生活垃圾填埋场的覆盖材料两方面。

**6. 废旧道路水泥混凝土的再生利用**

在20世纪40年代中期，人们常用混凝土再生骨料铺筑稳定和非稳定基层。但广泛应用再生骨料摊铺路是在70年代后期才兴起的。在美国，采用再生骨料作为面层新混凝土混合料已成为一项迅速普及的新技术，代替普通骨料应用于路面重建项目。在我国，道路旧水泥混凝土的再生利用研究和运用工作刚刚起步，目前尚没有在实际工程中大规模运用。但是，由于我国各方面资源相对都比较紧缺，环境保护的任务很重，因此旧水泥混凝土的再生利用在我国更具有紧迫性和必要性。目前国内外废旧道路水泥混凝土主要用作骨料拌制路面混凝土和路面基层材料。

## 1.4 本书主要内容

本书针对废弃混凝土再生资源化应用的难题，对再生骨料和再生泵送混凝土的制备与性能进行介绍；并对全组分再生泵送混凝土和再生自密实混凝土进行阐述。

第 2 章对泵送混凝土用再生骨料的制备和性能进行进一步介绍。

第 3 章介绍再生泵送混凝土的一些技术要求。

第 4、5、6 章介绍利用颗粒整形强化的再生骨料，采用聚羧酸减水剂、矿物掺合料和高活性超细矿粉多元复合技术，制备工作性良好、强度和耐久性满足要求的高性能再生泵送混凝土（坍落度在 180 mm 以上，强度、收缩性、抗碳化、抗渗性、抗冻性等性能良好）的方法。利用高品质再生骨料取代天然骨料，不仅降低混凝土单方成本、减少天然骨料使用量，而且增加建筑垃圾的消耗量、减少建筑垃圾填埋场用地。

第 7 章响应国家低碳环保、资源综合利用政策，探讨采用不同掺量的矿粉、粉煤灰、水泥配制高强自密实混凝土的方法。

第 8 章介绍国内外一些再生泵送混凝土的工程实例。

# 第2章　再生骨料制备与性能

骨料的强度、坚固性、颗粒级配、颗粒形状、有害杂质、是否存在碱活性等都会影响混凝土的各项性能。目前，优质骨料原材料的供应日趋紧张，商品混凝土企业对骨料需求量巨大，紧张供求形势导致材料加工企业不追求提高质量和改进技术，片面追求产量，致使骨料粒形差、片状含量多、含泥量大、石粉含量多等造成骨料质量下降。混凝土再生骨料是由原生混凝土破碎而成的骨料，成分复杂，对混凝土性能影响更大，因此再生骨料制备和性能对其资源化利用至关重要。

## 2.1　生产流程与设备

建筑垃圾再生加工、分选的主要产物是再生骨料，通常应采用固定式设备系统在工厂内定点进行再生加工处理；当然也可采用移动式再生加工装置，在施工现场进行。再生加工工艺与采用天然原料生产机制造砂石的工艺基本相同，但通常要包含去除杂质的装置和除铁装置。图2.1为建筑垃圾再生生产线关键设备，包括Ⅰ级破碎系统、Ⅱ级破碎系统、初筛系统、Ⅰ级筛分系统、Ⅱ级筛分系统、除尘系统，关键设备包括破碎机、输送带、振动筛、除杂质装置等。若再生加工没有进行筛分和分级，则再生加工出来的产品可称为废混凝土再生原料、废砖再生原料或它们的混合物，统称建筑垃圾再生原料。

## 2.2　再生骨料的分选

再生骨料的分选是废混凝土处理的一种方法，其目的是将废混凝土中可回收利用的再生骨料从不利于后续处理的或不符合处理工艺要求的物料中分离出来，有时也可以作为一种提高骨料品质的方法，具有重要意义。

根据废混凝土各成分的物理性质或化学性质（包括粒度、密度、重力、磁性、电性、弹性等），分别采用不同的分选方法，包括筛分、重力分选、磁选以及最简单有效的人工分选等。人工分选是一个不可缺少的环节，渗透在每一个分选环节当中，是其他分选方法的一个必要补充。

(a) Ⅰ级破碎机(初筛+初碎)

(b) Ⅱ级破碎+除铁装置

(c) 除尘系统

(d) 筛分系统

图 2.1　建筑垃圾再生生产线关键设备

### 2.2.1　筛分

筛分是利用筛子将物料中小于筛孔的细粒物料透过筛面,而大于筛孔的粗粒物料留在筛面上,完成粗、细粒物料分离的过程。

在再生骨料制备过程中最常用的筛分设备有固定筛、振动筛和滚筒筛三种类型。其中,振动筛是应用最广泛的一种设备,它的特点是振动方向与筛面垂直或近似垂直,振动频率为 600 ~ 3 600 r/min,振幅为 0.5 ~ 1.5 mm。振动筛由于筛面强烈振动,消除了堵塞筛孔的现象,有利于湿物料的筛分,可用于再生骨料粗、细粒的筛分。振动筛主要有共振筛和惯性振动筛两种。通过简单破碎工艺后再经振动筛筛分的再生骨料外观品质如图 2.2 所示。

选择应用筛分设备时应考虑如下因素:

①颗粒大小、形状、整体密度、含水率、含泥量等;

②筛分器的构造材料,筛孔尺寸、形状,筛孔所占筛面比例,转筒筛的转

图2.2 简单破碎工艺后筛分的再生骨料外观

速、长与直径,振动筛的振动频率、长与宽;

③筛分效率与总体效果要求;

④运行特征,如能耗、日常维护、运行难易、可靠性、噪声、非正常振动与堵塞的可能性等。

### 2.2.2 重力分选

固体废弃物的重力分选方法有很多,按作用原理可分为风力分选、淘汰分选、介质分选、摇床分选和惯性分选等。重力分选是根据固体废弃物中不同物质颗粒间的密度差异,在运动介质中受到重力、介质动力和机械力的作用,致使颗粒群产生松散分层和迁移分离,从而得到不同密度产品的分选过程。重力分选的介质有空气、水、重液(密度比水大的液体)、重悬浮液等。再生骨料的重力分选一般采用风力分选和介质分选。

重力分选过程具有的工艺特点是:

①固体废物中颗粒间必须存在密度差异;

②分选过程在运动介质中进行;

③在重力、介质动力及机械力的综合作用下,颗粒群松散并按密度分层;

④分好层的物料在运动介质流的推动下互相迁移,彼此分离,并获得不同密度的最终产品。

在日本,重力分选法可作为生产高品质再生粗骨料的一种方法,其处理加工厂全貌如图2.3所示,处理过程如图2.4所示。重力分选法的主要过程是:研磨处理过的再生粗骨料,经过重力分选机进行分选,对再生粗骨料与轻物质(水泥浆体等)进行分离。利用该技术,即使是来源复杂的废混凝土也可以生产出性能相对稳定的再生粗骨料。同时,轻物质不经过破碎而被分选淘汰掉,可最大限度地减少粉尘的产生。

图 2.3 处理加工厂全貌

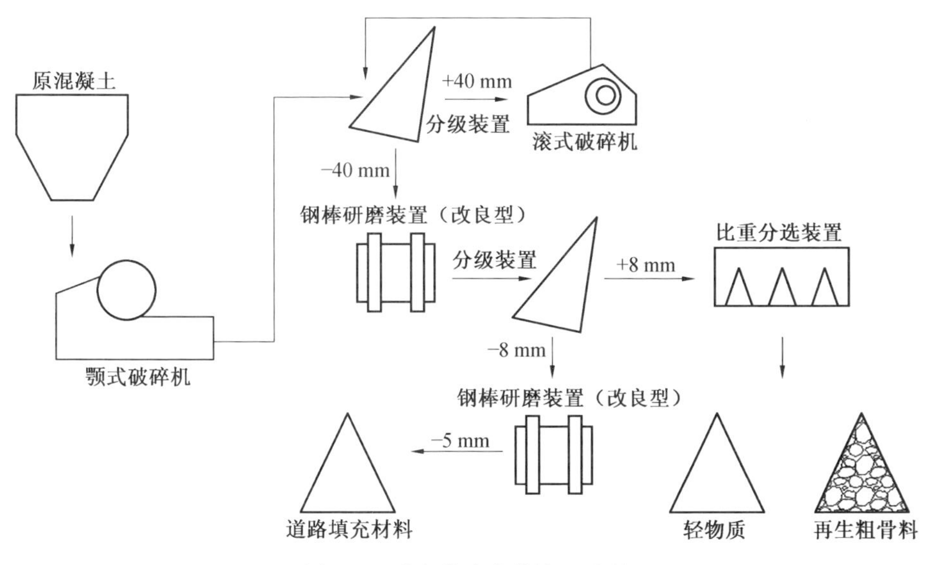


图 2.4 重力分选法的处理过程

重力分选装置的构造原理如图 2.5 所示。与选矿设备的构造基本相似，只是增加了微小密度差的感应装置和杂物去除装置。通过本制造方法得到的再生骨料的性能见表 2.1，外观品质如图 2.6 所示。

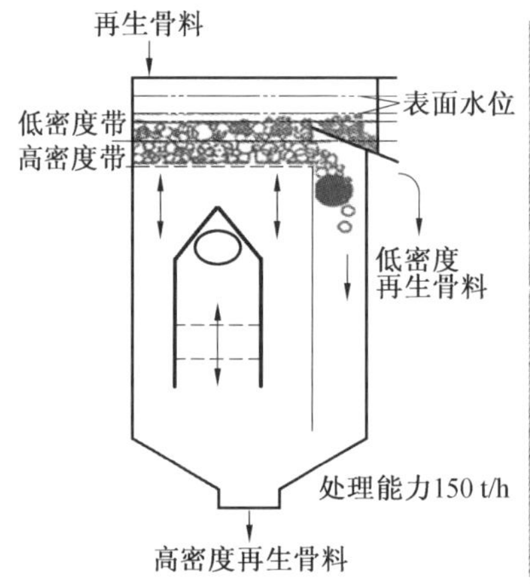

图 2.5 重力分选装置的构造原理

表 2.1 再生骨料的性能

| 项目 | 粗骨料 | 细骨料 |
| --- | --- | --- |
| 表观密度/($g \cdot cm^{-3}$) | 2.54 | 2.27 |
| 吸水率/% | 2.43 | 7.11 |

图 2.6 再生骨料的外观品质

## 2.2.3 磁力分选

磁力分选有以下两种类型：

(1)通常意义上的磁选，它主要应用于两个方面：①供料中磁性杂质的提纯、净化；②磁性物料的精选。前者用于清除杂铁物质以保护后续设备免受损坏，产品为非磁性物料，而后者用于铁磁矿石的精选和从城市垃圾中回收铁磁性黑色金属材料。

(2)近20年发展起来的磁流体分选法,可应用于建筑垃圾中铝、铜、铁、锌等金属的回收。

## 2.3 再生骨料的破碎与强化

目前国内外再生骨料的简单破碎工艺大同小异,主要是将不同的破碎设备、传送机械、筛分设备和清除杂质的设备有机地组合在一起,共同完成破碎、筛分和去除杂质等工序。

### 2.3.1 再生骨料的破碎工艺

**1. 俄罗斯**

鉴于废混凝土中往往混有金属、玻璃及木材等杂质,因此俄罗斯的再生骨料生产工艺流程中,特别设置了磁铁分离器与分离台等装置,以便于去除铁质成分。该处理过程配备了两台转子破碎机,分别对混凝土颗粒进行预破碎与二次破碎。预破碎完毕的骨料经第一台双筛网筛分机处理,被分为0~5 mm、5~40 mm及40 mm以上的三种粒径。在普通配合比的结构混凝土中,骨料粒径一般不大于40 mm。因此,为了充分利用废混凝土资源,该工艺将40 mm以上的碎石再次破碎,使粒径控制在0~40 mm。

**2. 德国**

德国的再生骨料破碎生产大致是通过颚式破碎机的加工,再生骨料被分为0~4 mm、4~16 mm、16~45 mm及45 mm以上等颗粒级配。

**3. 日本**

日本的再生骨料破碎生产工艺流程大体可分为三个阶段:

①预处理破碎阶段。

先除去废混凝土中的杂质,然后用颚式破碎机将混凝土块破碎成约40 mm粒径的颗粒。

②二次处理破碎阶段。

预处理破碎后的混凝土块,经过冲击破碎装置、滚筒装置进行二次处理。

③筛分阶段。

经二次破碎设备处理后的材料经过筛分,除去水泥和砂浆等细小颗粒,最后得到再生骨料。

国内对再生骨料的研究起步较晚,制备工艺主要是由破碎和筛分两部分组成。与国外的制备工艺相比,缺少强化处理阶段,得到的再生骨料性能明显劣于天然骨料。

### 2.3.2 简单破碎再生骨料的特点

不同强度等级的混凝土通过简单破碎与筛分制备出的再生骨料性能差异很大,通常混凝土的强度越高制得的再生骨料性能越好,反之再生骨料性能越差。不同建筑物或同一建筑物的不同部位所用混凝土的强度等级不尽相同,因此将建筑垃圾中的混凝土块直接破碎、筛分所制备的再生骨料不仅性能差,而且产品的质量离散性也较大,不利于产品的推广应用,只能用于低强度的混凝土及其制品。

**1. 简单破碎再生骨料的特点**

简单破碎再生骨料棱角多、表面粗糙、组分中含有硬化水泥砂浆,再加上混凝土块在破碎过程中因损伤累积在内部造成大量微裂纹,导致再生骨料自身的孔隙率大、吸水率大、堆积空隙率大、压碎指标值高、堆积密度小,性能明显劣于天然骨料。不同强度等级混凝土通过简单破碎与筛分制备出的再生骨料性能差异很大,通常混凝土的强度越高制得的再生骨料性能越好,反之再生骨料性能越差。不同建筑物或同一建筑物的不同部位所用混凝土的强度等级不尽相同,因此将建筑垃圾中的混凝土块直接破碎、筛分所制备的再生骨料不仅性能差,而且产品的质量离散性也较大,不利于产品的推广应用,只能用于低强度的混凝土及其制品。

**2. 简单破碎再生骨料混凝土的性能**

利用简单破碎再生骨料制备的再生混凝土用水量较大、强度低、弹性模量低,而且抗渗性、抗冻性、抗碳化能力、收缩、徐变和抗氯离子渗透性等耐久性能均低于普通混凝土,只能用于制备低等级混凝土。

### 2.3.3 再生骨料整形强化的必要性

再生混凝土骨料颗粒棱角多,表面粗糙,表面含有硬化水泥砂浆,破碎过程中因损伤累积在内部造成大量微裂纹,导致再生骨料存在孔隙率大、吸水率大、堆积密度小、压碎指标值高等不足。与普通骨料相比,利用再生骨料制备新混凝土的用水量偏高,硬化后的强度和弹性模量低,收缩率较大。

简单破碎再生骨料品质低,严重影响到所配制混凝土的性能,限制了再生混凝土的应用。为了充分利用废混凝土资源,使建筑业走上可持续发展的道路,必须提高再生骨料的品质,对再生骨料进行强化处理。

近年来在建筑垃圾循环再生工艺中增加了再生骨料强化工序,目的在于改善骨料形态,除去再生骨料表面所附着的硬化水泥石,提高普通再生骨料的品质。再生骨料的强化方法可以分为化学强化法和物理强化法,目前常用的再生骨料强化技术为机械强化,也即颗粒整形技术。

### 2.3.4 再生骨料的整形强化

**1. 化学强化法**

国内外专家学者曾经利用化学方法对再生骨料进行强化研究,采用不同性质的材料(如聚合物、有机硅防水剂、纯水泥浆、水泥外掺 Kim 粉、水泥外掺Ⅰ级粉煤灰等)对再生骨料进行浸渍、淋洗、干燥等处理,使再生骨料得到强化。

(1)聚合物(PVA)和有机硅防水剂处理法。

将1% PVA 溶液用水稀释 2~3 倍,并搅拌均匀,然后把再生骨料倒入上述溶液中,浸泡 48 h。在此期间,用铁棒加以搅拌或用力来回振动,尽量赶走骨料表面的气泡,最后用带筛孔的器皿将再生骨料捞出,在 50~60 ℃的温度下烘干。

将有机硅防水剂用水稀释 5~6 倍,搅拌均匀后,把再生骨料倒入稀释的有机硅溶液中,浸泡 24 h,操作方法同聚合物处理法。

用 PVA 溶液和有机硅防水剂均能改善骨料的表面状况,从而降低再生骨料的吸水率,见表 2.2。

**表 2.2 表面处理后的再生粗骨料吸水率**

| 项目 | 未经处理 | | 聚合物处理 | | 有机硅防水剂处理 | |
|---|---|---|---|---|---|---|
| 浸泡时间/h | 1 | 24 | 1 | 24 | 1 | 24 |
| 吸水率/% | 2.5 | 4.85 | 0.98 | 2.05 | 0.76 | 1.28 |

经聚合物和有机硅防水剂处理过的再生骨料的吸水率有较大程度的降低。经有机硅防水剂处理的再生骨料,24 h 吸水率很小,表明有机硅防水剂对再生骨料的强化效果较好。

(2)水泥浆液处理法。

该方法是用调制好的高强度水泥浆对再生骨料进行浸泡、干燥等强化处理,以改善再生骨料的孔结构来提高再生骨料的性能。为了改善水泥浆的性能,可以掺入适量的其他物质如粉煤灰、硅粉、Kim 粉等。

国内学者曾利用四种不同性质的高活性超细矿物质掺合料的浆液对再生骨料进行强化试验,经过处理后的再生骨料的表观密度和压碎指标得到了改善，吸水率并没有得到改善，见表2.3。在相同水灰比下配制再生混凝土，其工作性能和强度见表2.4。

**表2.3 再生骨料化学强化后的性能**

| 骨料品种 | 吸水率/% | 表观密度/(kg·m$^{-3}$) | 压碎指标/% |
| --- | --- | --- | --- |
| 未强化 | 6.68 | 2 424 | 20.6 |
| 纯水泥浆强化 | 9.65 | 2 530 | 17.6 |
| 水泥外掺Kim粉浆液强化 | 8.18 | 2 511 | 12.4 |
| 水泥外掺硅粉浆液强化 | 10.06 | 2 453 | 11.6 |
| 水泥外掺粉煤灰浆液强化 | 7.94 | 2 509 | 12.8 |

**表2.4 再生混凝土的工作性能和强度**

| 骨料品种 | 坍落度/mm | 28 d抗压强度/MPa | 56 d抗压强度/MPa |
| --- | --- | --- | --- |
| 未强化 | 45 | 32.5 | 36.6 |
| 纯水泥浆强化 | 43 | 30.1 | 37.7 |
| 水泥外掺Kim粉浆液强化 | 48 | 38.6 | 40.7 |
| 水泥外掺硅粉浆液强化 | 45 | 33.2 | 40.2 |
| 水泥外掺粉煤灰浆液强化 | 42 | 28.6 | 38.0 |

研究结果表明，化学强化对再生骨料本身的强度有一定程度的提高，但没有明显改善混凝土的性能，且成本过高，没有推广应用价值。

**2. 物理强化法**

物理强化法是指使用机械设备对简单破碎的再生骨料进一步处理，通过骨料之间的相互撞击、磨削等机械作用除去表面黏附的水泥砂浆和颗粒棱角的方法。物理强化方法主要有立式偏心装置研磨法、卧式回转研磨法、加热研磨法和颗粒整形强化法等几种方法。

(1)立式偏心装置研磨法。

①设备。

由日本竹中工务店研制开发的立式偏心装置研磨法的工作原理如图2.7所示。该设备主要由外部筒壁、内部的高速旋转的偏心轮和驱动装置所组成。设备构造类似于锥式破碎机，不同点是转动部分为柱状结构，而且转速快。立式偏心研磨装置的外筒内直径为72 cm，内部的高速旋转的偏心轮直径为66 cm。预破碎好的物料进入到内外装置间的空腔后，受到高速旋转的偏心轮的研磨作用，使得黏附在骨料表面的水泥浆体被磨掉。由于颗粒间的相互作用，骨料上较为突出的棱角也会被磨掉，从而使再生骨料的性能得以提高。

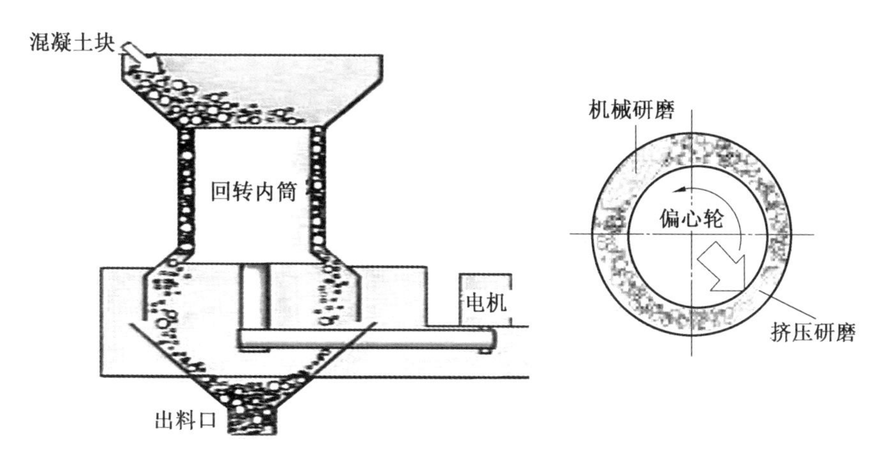


图 2.7 立式偏心装置研磨法的工作原理

②生产线。

立式偏心装置研磨法处理加工厂的全貌如图 2.8 所示。通过预处理装置去除大于 40 mm 和小于 5 mm 的颗粒,使中间粒度的颗粒进入偏心轮装置,进行二次处理。如果处理后的再生骨料不能满足高品质再生骨料的要求,可多次重复处理。

图 2.8 立式偏心装置研磨法处理加工厂的全貌

通过本方法制备的再生骨料的外观品质如图 2.9 所示。

图 2.9　立式偏心装置研磨法制备的再生粗骨料的外观品质

(2)卧式回转研磨法。

①设备。

由日本太平洋水泥株式会社研制开发的卧式强制研磨设备如图 2.10 所示。该设备十分类似于倾斜布置的螺旋输送机,将螺旋叶片改造成带有研磨块的螺旋带,在机壳内壁上也布置大量的耐磨衬板,并且在螺旋带的顶端装有与螺旋带相反转向的锥形体,以增加对物料的研磨作用。进入设备内部的预破碎物料,由于受到研磨块、衬板以及物料之间的相互作用而被强化。

图 2.10　卧式强制研磨设备外形

②生产线。

卧式回转研磨法的主要过程是:通过预处理装置去除大于 40 mm 和小于 5 mm的颗粒,使中间粒度的颗粒进入到带有研磨块的螺旋回转装置,进行再次处理。通常一次处理后的再生骨料往往不能满足高品质再生骨料的要求，需设置多台设备进行多次处理。通过本方法制备的再生骨料的外观品质如图2.11所示。

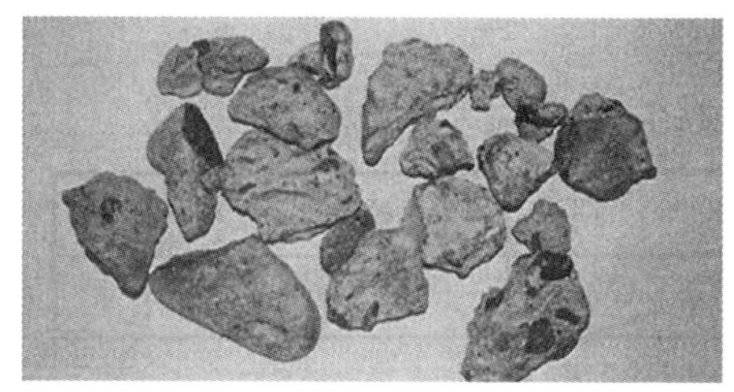

(a) 废混凝土处理前

(b) 废混凝土处理后

图2.11 3次处理后的再生粗骨料的外观品质

(3)加热研磨法。

①设备。

日本三菱公司研制开发的加热研磨法，主要工艺流程(图2.12)为：初步破碎后的混凝土块经过300 ℃左右高温加热处理，水泥石脱水、脆化，而后在磨机内对其进行冲击和研磨处理，实现有效除去再生骨料中的水泥石残余物。加热研磨处理工艺，不但可以回收高品质的再生粗骨料，还可以回收高品质再生细骨料和微骨料(粉料)。加热温度越高，研磨处理越容易；但是当加热温度超过500 ℃时，不仅使骨料性能产生劣化，而且加热与研磨的总能量消耗会显著提高6~7倍。

②生产原理。

将初步破碎成50 mm以下的混凝土块，投入到充填型加热装置内，利用300 ℃的热风加热使水泥石进行脱水、脆化，物料在双重圆筒型磨机内，受到钢球研磨体的冲击与研磨作用后，粗骨料由内筒排出，水泥砂浆部分将从外筒排出。一次研磨处理后的物料(粗骨料和水泥砂浆)一同进入到二次研磨装置中。二次研磨装置是以回收的粗骨料作为研磨体对水泥砂浆部分进行再次研磨。最后，通过振动筛和风选工艺，对粗骨料、细骨料以及副产品(微粉或粉体)进行分级处理。

③骨料性能。

通过本方法制备的再生骨料的外观品质如图2.13所示。加热研磨法制备的再生骨料水泥砂浆附着率较低，性能优越。

通过加热研磨法制备的再生骨料，相对于原混凝土的回收率(再生骨料/原混凝土)平均值可达到70%，相对于原骨料的回收率(再生骨料/天然骨料)

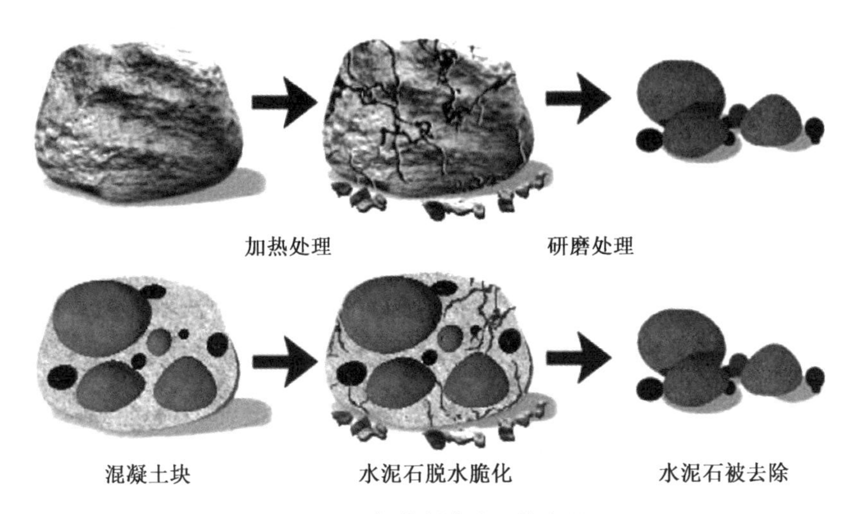


图 2.12　加热研磨法工艺流程

(a) 再生粗骨料　　(b) 再生细骨料

图 2.13　加热研磨法制备的再生骨料的外观品质

平均值高达 85% 以上，达到了很好的回收效果。

(4)颗粒整形强化法。

颗粒整形强化法是青岛理工大学开发的一种强化处理方法。颗粒整形强化法就是通过“再生骨料高速自击与摩擦”来去掉骨料表面附着的砂浆或水泥石，并除掉骨料颗粒上较为突出的棱角，使粒形趋于球形，从而实现对再生骨料的强化。该系统由主机系统、除尘系统、电控系统、润滑系统和压力密封系统组成，如图 2.14 所示。物料由上端进料口加入机内，被分成两股料流。其中，一部分物料经叶轮顶部进入叶轮内腔，由于受离心作用而加速，并被高速抛射出(最大时速可达 100 m/s)；另一部分物料由主机内分料系统沿叶轮四周落下，并与叶轮抛射出的物料相碰撞。高速旋转飞盘抛出的物料在离心力的作用下填充死角,形成永久性物料曲面。该曲面不仅保护腔体免受磨损,而且还会增加物料间的高速摩擦和碰撞。碰撞后的物料沿曲面下返,与飞盘抛出的物料形成再次碰撞,直至最后沿下腔体流出。物料经过多次碰撞摩擦而得到粉碎和整形。在工作过程中,高速物料很少与机体接触,从而提高了设备的使用寿命。

图 2.14　破碎整形设备外形

颗粒整形强化法生产再生骨料的流程如下:

①将废混凝土块放入颚式破碎机进行破碎;

②破碎后的混凝土块通过传送带传送至机器筛进行筛分,大于 31.5 mm 的颗粒重新送回颚式破碎机进行破碎;

③小于 31.5 mm 的颗粒通过传送带进入颗粒整形机,粒形和界面得到强化;

④整形后的颗粒通过传送带进入砂石分界筛,分成细骨料和粗骨料两股料流;

⑤细骨料经过除尘装置,除去粉体,然后通过传送带被输送到细骨料堆放场地;粗骨料进入分料斗,如需要继续整形,则通过料斗倒入传送带,被送回整形机继续下一遍整形,如不需要继续整形,则直接通过料斗进行堆放。

通过上述几种强化处理工艺可以看出,国外强化工艺设备磨损大、动力与能量消耗大。与之相比,颗粒整形设备易损件少、动力消耗低、设备体积小、操作简便、安装和维修方便,是一种经济实用的加工处理方法。

# 2.4 再生粗骨料性能

## 2.4.1 再生粗骨料外观

简单破碎的再生粗骨料如图 2.15 所示，骨料不仅粒形不好、多棱角，而且表面还含有大量的水泥砂浆块。颗粒整形后的再生粗骨料如图 2.16 所示，骨料表面较干净，而且棱角也较少。

图 2.15　简单破碎的再生粗骨料

图 2.16　颗粒整形后的再生粗骨料

传统的再生骨料制备方法是利用颚式破碎机等机械设备对废弃混凝土进行破碎和筛分，所制备的再生骨料颗粒棱角多、表面粗糙，组分中还含有硬化水泥砂浆，再加上混凝土块在破碎过程中因损伤累积在内部造成大量微裂纹，导致再生骨料自身的孔隙率大、吸水率大、堆积密度小、堆积空隙率大、压碎指标值高。再生骨料的孔隙率大、吸水率大、堆积密度小、压碎指标值高和坚固性差，导致再生混凝土工作性差、强度低、收缩大、碳化快、抗冻性能差和抗氯离子渗透性差。以往的再生混凝土只能用于制备路基材料、混凝土小型空心砌块、花格砖等低强度等级的低性能混凝土。若想将再生骨料用于泵送混凝土制备，需对简单破碎获得的低品质再生骨料进行强化处理，最简便有效的骨料强化技术就是对骨料进行颗粒整形。

### 2.4.2 再生粗骨料性能

再生混凝土的性能与其粗骨料质量具有密切关系，经过精细加工颗粒整形，再生粗骨料的颗粒级配完全可以达到《普通混凝土用砂、石质量及检验方法标准》(JGJ 52—2006)的要求，并且可以根据使用要求精准配制其颗粒级配，其颗粒级配的可控性远远超过目前市场中的天然骨料。而简单破碎的再生粗骨料的性质较差，很难用于配制高性能泵送混凝土。颗粒整形与简单破碎的再生粗骨料的性能见表2.5。

**表2.5 再生粗骨料性能**

| 性能指标 | 简单破碎再生粗骨料 | 颗粒整形再生粗骨料 | 天然粗骨料 |
|---|---|---|---|
| 颗粒级配 | 满足要求 | 满足要求 | 满足要求 |
| 针片状颗粒含量/% | 5.1 | 1.5 | 6.5 |
| 含泥量(微粉含量)/% | 0.4 | 0.4 | 0.6 |
| 泥块含量/% | 0.2 | 0.5 | 0.7 |
| 压碎指标/% | 16.3 | 8.3 | 8.2 |
| 坚固性/% | 12.0 | 4.2 | 5.2 |
| 有害物质含量/% | 满足要求 | 满足要求 | 满足要求 |
| 表观密度/($kg \cdot m^{-3}$) | 2 432 | 2 590 | 2 597 |
| 空隙率/% | 53 | 48 | 48 |
| 吸水率/% | 4.7 | 2.9 | 2.5 |

建筑垃圾再生产品分为再生骨料和再生原料两大类。建筑垃圾排放通常是废混凝土和废砖瓦混排，除特殊工程(水泥混凝土路面、机场跑道和混凝土桥梁)外，循环再生时难以分开。因建筑物的结构体系、建设年代和回收方式不同，建筑垃圾中废混凝土和废砖瓦的比例是变化不定的。由于两类组分自身性能上的差异，它们所占比例的变化将会对再生产品性能、使用价值和用途

产生显著影响。

混凝土再生粗骨料因来源和生产工艺不同,品质差异较大,为了合理使用再生骨料,确保工程质量,有必要对再生骨料进行分类。再生粗骨料标准把再生粗骨料划分为Ⅰ类、Ⅱ类、Ⅲ类。

与《建设用卵石、碎石》(GB/T 14685—2011)相比,《混凝土用再生粗骨料》(GB/T 25177—2010)在骨料规格划分上稍有变化。考虑到再生粗骨料的粒径较大时,混凝土破碎不彻底,粗骨料中混有较多砂浆块,影响粗骨料的性能,因此将再生粗骨料的最大公称粒径限制在31.5 mm以内,且再生粗骨料最大粒径不宜大于原混凝土粗骨料的最大粒径。此外,考虑到5~10 mm粒径属于单粒级,在GB/T 14685—2011基础上进行变动,将再生粗骨料分为5~16 mm、5~20 mm、5~25 mm和5~31.5 mm四种连续粒级规格以及5~10 mm、10~20 mm和16~31.5 mm三种单粒级规格。

**1. 颗粒级配**

试验按照GB/T 14685—2011中6.3的规定进行。再生粗骨料的颗粒级配评定结果见表2.6。

**表2.6 再生粗骨料的颗粒级配评定结果**

| 项目 | 青岛理工大学 | | | | 邯郸建筑科学研究所 | | 上海市建筑科学研究院 |
|---|---|---|---|---|---|---|---|
| | A简破 | A整形 | B简破 | B整形 | 再生骨料1 | 再生骨料2 | 再生骨料 |
| 颗粒级配 | 合格 | 合格 | 合格 | 合格 | 不合格 | 合格 | 合格 |

注:简破—简单破碎再生细骨料;整形—颗粒整形再生细骨料

由表2.6可知,再生粗骨料的颗粒级配基本满足该标准的要求。当颗粒级配不能满足要求时,允许对再生粗骨料进行掺配。掺配后颗粒级配合格的可以使用。

**2. 微粉含量和泥块含量**

微粉含量试验方法参照GB/T 14685—2011中6.4的规定进行,泥块含量试验按照GB/T 14685—2011中6.5的规定进行。相对于天然粗骨料,再生粗骨料的微粉和泥块对混凝土的危害相对较小,因此可以在保证混凝土质量的前提下对微粉和泥块含量的要求适当放宽。参照日本和韩国的现行标准,对微粉含量和泥块含量进行限定,见表2.7。

表 2.7 再生粗骨料微粉含量和泥块含量指标

| 项目 | Ⅰ类 | Ⅱ类 | Ⅲ类 |
|---|---|---|---|
| 微粉含量/% < | 1.0 | 2.0 | 3.0 |
| 泥块含量/% < | 0.5 | 0.7 | 1.0 |

依此标准,上述给定的再生粗骨料评定等级见表 2.8。

表 2.8 再生粗骨料的微粉含量和泥块含量评定结果

| 项目 | 青岛理工大学 | | | | 北京城建集团 | | 邯郸建筑科学研究所 | | 上海市建筑科学研究院 |
|---|---|---|---|---|---|---|---|---|---|
| | A 简破 | A 整形 | B 简破 | B 整形 | 骨料 1 | 骨料 2 | 骨料 1 | 骨料 2 | 骨料 |
| 微粉含量<br>泥块含量 | Ⅰ类 | Ⅱ类 | Ⅰ类 | Ⅰ类 | Ⅰ类 | Ⅰ类 | Ⅰ类 | Ⅰ类 | 不合格 |

**3. 吸水率**

GB/T 14685—2011 中没有对天然卵石、碎石的吸水率做要求,但考虑到再生粗骨料中混有少量砂浆块且骨料表面黏附有水泥石和砂浆,导致再生粗骨料的吸水率比天然卵石、碎石大,而控制再生粗骨料的吸水率,可以起到控制再生粗骨料中砂浆含量、水泥石含量的作用,因此国外将吸水率作为评价再生骨料品质的重要指标,我国的再生骨料标准也应设定吸水率指标。考虑到《普通混凝土用砂、石质量及检验方法标准》(JGJ 52—2006)中吸水率试验方法不如《轻集料及其试验方法》(GB/T 17431.2—1998)中吸水率试验方法简单易行,且经试验发现,再生粗骨料 1 h 吸水率已经很接近 24 h 吸水率,因此,试验按照《轻集料及其试验方法》(GB/T 17431.2—2010)中的规定进行。

试验研究结果表明,再生粗骨料中的针片状颗粒含量较低,特别是经过强化处理后的再生粗骨料几乎没有针片状颗粒。因此该标准不再将针片状颗粒含量作为再生骨料分类的指标,仅规定再生骨料的针片状颗粒含量小于10%,见表 2.9。

表 2.9 再生粗骨料针片状颗粒含量指标

| 项目 | Ⅰ类 | Ⅱ类 | Ⅲ类 |
|---|---|---|---|
| 针片状颗粒含量/% < | — | 10 | — |

依此标准,上述给定的再生粗骨料评定等级见表 2.10。简单破碎粗骨料(破碎)吸水率较高,经过整形后则吸水率降低。邯郸建筑科学研究所所用再生粗骨料 2 中因含有较多碎砖等杂物,吸水率较高,不能满足本标准。

表 2.10 再生粗骨料的吸水率评定结果

| 项目 | 青岛理工大学 | | | | 邯郸建筑科学研究所 | | 上海市建筑科学研究院 |
|---|---|---|---|---|---|---|---|
| | A 破碎 | A 整形 | B 破碎 | B 整形 | 骨料 1 | 骨料 2 | 再生骨料 |
| 吸水率 | Ⅱ类 | Ⅰ类 | 不合格 | Ⅲ类 | Ⅱ类 | 不合格 | Ⅰ类 |

**4. 针片状颗粒含量**

天然粗骨料在破碎过程中,容易产生针片状颗粒,影响混凝土拌合物的工作性能和混凝土的强度。针片状颗粒含量是根据粒形评定骨料品质的重要指标。

依此标准,上述给定的再生粗骨料评定等级见表 2.11,均满足针片状颗粒含量要求。

表 2.11 再生粗骨料的针片状颗粒含量评定结果

| 项目 | 青岛理工大学 | | | | 邯郸建筑科学研究所 | | 上海市建筑科学研究院 | 北京城建集团 |
|---|---|---|---|---|---|---|---|---|
| | A 破碎 | A 整形 | B 破碎 | B 整形 | 再生骨料 1 | 再生骨料 2 | 再生骨料 | 再生骨料 |
| 针片状颗粒含量 | 合格 | 合格 | 合格 | 合格 | 合格 | 合格 | 合格 | 合格 |

**5. 有害物质**

有机物含量试验按照 GB/T 14685—2011 中 6.7 的规定进行,硫化物与硫酸盐含量试验按照 GB/T 14685—2011 中 6.8 的规定进行,氯离子含量试验方法参照 GB/T 14684—2011 中 6.11 的规定进行。

GB/T 14685—2011 规定“卵石和碎石中不应混有草根、树叶、树枝、塑料、煤块和炉渣等杂物”。考虑到杂物不可避免,且杂物含量限制在一定范围内可以忽略其对混凝土性能的影响,因此该标准重新规定了杂物的定义,并给出了限值。

因原混凝土所用水泥中含有石膏,故再生粗骨料的硫酸盐含量高于天然粗骨料。因此,再生粗骨料的硫酸盐含量限值应在天然卵石、碎石基础上有所放宽。

在《建筑用卵石、碎石》(GB/T 14685—1993)和《天然轻骨料》(GB 2841—1981)中,对氯离子含量有要求,现行标准《建筑用卵石、碎石》(GB/T 14685—2001)和《轻集料及其试验方法》第一部分《轻集料》(GB/T 17431.1—1998)去掉了对氯离子含量的要求。考虑到原混凝土搅拌过程中可能加入氯盐,在使用过程中也可能受到氯盐的污染,因此,需要对再生粗骨料氯离子含量做出限定。参考日本现行标准和《混凝土结构耐久性设计规范》(GB/T 50476—2008)确定该标准。

再生粗骨料中有害物质含量应符合表2.12规定。

表2.12 再生粗骨料有害物质含量指标

| 项目 | Ⅰ类 | Ⅱ类 | Ⅲ类 |
|---|---|---|---|
| 有机物含量 | 合格 | 合格 | 合格 |
| 硫化物及硫酸盐含量(按$SO_3$质量计)/% < | 2.0 | 2.0 | 2.0 |
| 氯离子含量/% < | 0.06 | 0.06 | 0.06 |

依此标准,上述给定的再生粗骨料评定等级见表2.13。

表2.13 再生粗骨料的有害物质含量评定结果

| 项目 | 青岛理工大学 | | | | 邯郸建筑科学研究所 | | 上海市建筑科学研究院 |
|---|---|---|---|---|---|---|---|
| | A破碎 | A整形 | B破碎 | B整形 | 再生骨料1 | 再生骨料2 | 再生骨料 |
| 有机物含量 | 合格 | 合格 | 合格 | 合格 | — | — | 合格 |
| 硫化物及硫酸盐含量 | — | — | 合格 | 合格 | 合格 | 合格 | 合格 |
| 氯离子含量 | — | — | 合格 | 合格 | 合格 | 合格 | 合格 |

**6. 杂物含量**

再生粗骨料在生产过程中除了混有混凝土、砂浆、石材、砖之外,常常混有金属、塑料、沥青、木头、玻璃、草根、树叶、树枝、纸张、石灰、石膏、毛皮、煤块和炉渣等杂物,为了保证再生粗骨料的品质,对杂物含量必须做出限定。

试验按照GB/T 14685—2011规定的方法取样,并将试样缩分至不小于表2.14规定的数量,称重后用人工分选的方法选出金属、塑料、沥青、木头、玻璃、草根、树叶、树枝、纸张、石灰、石膏、毛皮、煤块和炉渣等杂物,然后称量各种杂物总质量,并计算其占原再生粗骨料试样总质量的百分比。杂物含量取三次试验结果的最大值,精确至0.1%,其值应满足表2.15的要求。

表2.14 试验所需试样数量

| 再生粗骨料最大粒径/mm | 9.5 | 16.0 | 19.0 | 26.5 | 31.5 |
|---|---|---|---|---|---|
| 最少试样/kg | 4.0 | 4.0 | 8.0 | 8.0 | 15.0 |

表2.15 再生粗骨料杂物含量指标

| 项目 | Ⅰ类 | Ⅱ类 | Ⅲ类 |
|---|---|---|---|
| 杂物含量/% < | 1.0 | 1.0 | 1.0 |

**7. 坚固性**

试验按照 GB/T 14685—2011 中 6.9 的规定进行，采用硫酸钠溶液法进行试验，控制再生粗骨料经 5 次循环后的质量损失，试验结果精确至 0.1%。

GB/T 14685—2011 对坚固性的要求见表 2.16。

**表 2.16　坚固性指标(GB/T 14685—2011)**

| 项目 | Ⅰ类 | Ⅱ类 | Ⅲ类 |
|---|---|---|---|
| 质量损失/%　< | 5 | 8 | 12 |

再生粗骨料中的岩石部分和黏附的砂浆均会受到硫酸钠晶体的破坏。砂浆与天然骨料相比吸水率大、强度低，更容易被硫酸钠晶体破坏，再生骨料的质量损失通常大于天然骨料，因此在 GB/T 14685—2011 的基础上放宽了对坚固性指标的要求，见表 2.17。

**表 2.17　再生粗骨料的坚固性指标**

| 项目 | Ⅰ类 | Ⅱ类 | Ⅲ类 |
|---|---|---|---|
| 质量损失/%　< | 5.0 | 9.0 | 15.0 |

依此标准，上述给定的再生粗骨料评定等级见表 2.18。

**表 2.18　试验用再生粗骨料的坚固性评定结果**

<table>
<tr><td rowspan="2">项目</td><td colspan="2">青岛理工大学</td><td colspan="2">邯郸建筑科学研究所</td><td>上海市建筑科学研究院</td></tr>
<tr><td>A 破碎</td><td>A 整形</td><td>再生骨料 1</td><td>再生骨料 2</td><td>再生骨料</td></tr>
<tr><td>坚固性</td><td>Ⅲ类</td><td>Ⅰ类</td><td>Ⅰ类</td><td>Ⅰ类</td><td>Ⅰ类</td></tr>
</table>

**8. 压碎指标**

试验按照 GB/T 14685—2011 中 6.11 的规定进行。

GB/T 14685—2011 对压碎指标的要求见表 2.19。

**表 2.19　压碎指标**

| 项目 | Ⅰ类 | Ⅱ类 | Ⅲ类 |
|---|---|---|---|
| 碎石压碎指标/% < | 10 | 20 | 30 |
| 卵石压碎指标/% < | 12 | 16 | 16 |

《普通混凝土用砂、石质量及检验方法标准》(JGJ 52—2006)对岩石压碎指标的要求见表 2.20。

**表 2.20 岩石的压碎指标**

| 岩石品种 | 混凝土强度等级 | 碎石压碎指标/% |
|---|---|---|
| 沉积岩 | C60～C40 | ≤10 |
| | ≤C35 | ≤16 |
| 变质岩或深层的火成岩 | C60～C40 | ≤12 |
| | ≤C35 | ≤20 |
| 喷出的火成岩 | C60～C40 | ≤13 |
| | ≤C35 | ≤30 |

压碎指标是反映粗骨料母岩强度和颗粒形状的综合指标，对再生混凝土的强度具有重要影响。结合以上资料，根据再生骨料的特点，对再生粗骨料压碎指标做出规定，见表 2.21。依此标准，上述给定的再生粗骨料评定等级见表 2.22。

**表 2.21 再生粗骨料压碎指标**

| 项目 | Ⅰ类 | Ⅱ类 | Ⅲ类 |
|---|---|---|---|
| 压碎指标/%< | 12 | 20 | 30 |

**表 2.22 试验用再生粗骨料的压碎指标评定结果**

| 项目 | 青岛理工大学 | | | | 邯郸建筑科学研究所 | | 北京城建集团 | | 上海市建筑科学研究院 |
|---|---|---|---|---|---|---|---|---|---|
| | A 破碎 | A 整形 | B 破碎 | B 整形 | 再生骨料 1 | 再生骨料 2 | 再生骨料 1 | 再生骨料 2 | 再生骨料 |
| 压碎指标 | Ⅱ类 | Ⅰ类 | Ⅱ类 | Ⅰ类 | Ⅲ类 | 不合格 | Ⅰ类 | Ⅰ类 | Ⅱ类 |

**9. 表观密度、空隙率**

表观密度试验按照 GB/T 14685—2011 中 6.12 的规定进行。空隙率试验按照 GB/T 14685—2011 中 6.13 的规定进行。

GB/T 14685—2011 对表观密度和空隙率的规定为：表观密度大于 2 500 $kg/m^3$；空隙率小于 47%。

考虑到对于同种粗骨料，表观密度、堆积密度和空隙率可以互相换算，该标准舍弃堆积密度，仅对表观密度和空隙率做出要求，见表 2.23。

表 2.23　再生粗骨料表观密度和空隙率指标

| 项目 | Ⅰ类 | Ⅱ类 | Ⅲ类 |
| --- | --- | --- | --- |
| 表观密度/($kg\cdot m^{-3}$)　> | 2 450 | 2 350 | 2 250 |
| 空隙率/%　< | 47 | 50 | 53 |

依此标准,上述给定的再生粗骨料评定等级见表 2.24。可见,简单破碎再生粗骨料表面包裹着大量的砂浆,棱角多,内部存在微裂纹,从而导致再生骨料的表观密度比天然骨料低,空隙率比天然骨料高。整形后的高品质再生粗骨料砂浆含量低,粒形较好,表观密度和空隙率得到了改善。

表 2.24　再生粗骨料的表观密度和空隙率评定结果

| 项目 | 青岛理工大学 | | | | 邯郸建筑科学研究所 | | 上海市建筑科学研究院 |
| --- | --- | --- | --- | --- | --- | --- | --- |
| | A 破碎 | A 整形 | B 破碎 | B 整形 | 再生骨料 1 | 再生骨料 2 | 再生骨料 |
| 表观密度 | Ⅰ类 | Ⅰ类 | Ⅰ类 | Ⅰ类 | Ⅱ类 | Ⅱ类 | Ⅰ类 |
| 空隙率 | 不合格 | Ⅱ类 | Ⅲ类 | Ⅱ类 | Ⅰ类 | Ⅰ类 | 不合格 |

**10. 碱集料反应**

试验按照 GB/T 14685—2011 中 6.14 的规定进行。GB/T 14685—2011 对碱集料反应要求如下:经碱集料反应试验后,由混凝土再生细骨料制备的试件应无裂缝、酥裂、胶体外溢等现象,在规定的试验龄期膨胀率应小于0.10%。

碱集料反应被称为混凝土的“癌症”,对混凝土的危害很大,因此必须对其进行限定。该标准采用 GB/T 14685—2011 的规定,依据该标准对试验用再生粗骨料进行评定,均符合要求。

《混凝土用再生粗骨料》(GB/T 25177—2010)对各项指标的要求见表 2.25。其中,出厂检验项目包括颗粒级配、微粉含量、泥块含量、压碎指标、表观密度、空隙率、吸水率;形式检验包括除碱集料反应外的所有项目;碱集料反应根据需要进行。为了对再生骨料品质进行划分,对表观密度、空隙率、坚固性、压碎指标、微粉含量、泥块含量和吸水率七项宜于划分再生骨料品质的指标按照相关要求进行分类,其他指标不再进行详细分类。

表 2.25 再生粗骨料分类与技术指标

| 项目 | 指标 | | |
|---|---|---|---|
| | Ⅰ类 | Ⅱ类 | Ⅲ类 |
| 颗粒级配(最大粒级不大于 31.5 mm) | 合格 | 合格 | 合格 |
| 有机物含量(比色法) | 合格 | 合格 | 合格 |
| 碱集料反应 | 合格 | 合格 | 合格 |
| 表观密度/($kg \cdot m^{-3}$)> | 2 450 | 2 350 | 2 250 |
| 空隙率/%< | 47 | 50 | 53 |
| 坚固性(质量损失)/%< | 5.0 | 9.0 | 15.0 |
| 硫化物及硫酸盐含量(按 $SO_3$ 质量计)/%< | 2.0 | 2.0 | 2.0 |
| 氯化物含量(以氯离子质量计)/%< | 0.06 | 0.06 | 0.06 |
| 其他物质含量/%< | 1.0 | 1.0 | 1.0 |
| 压碎指标/%< | 12 | 20 | 30 |
| 微粉含量/%< | 1.0 | 2.0 | 3.0 |
| 泥块含量/%< | 0.5 | 0.7 | 1.0 |
| 吸水率/ %< | 3.0 | 5.0 | 7.0 |
| 针片状颗粒含量/%< | 10 | 10 | 10 |

## 2.5 再生细骨料性能

简单破碎再生细骨料放大图如图 2.17 所示,颗粒整形再生细骨料放大图如图2.18所示。简单破碎再生细骨料颗粒棱角较多,用手抓、捧时有明显的刺痛感,整形后颗粒棱角较少。

混凝土再生细骨料因来源和生产工艺不同,品质差异较大,为了合理使用再生细骨料,确保工程质量,再生细骨料标准把再生细骨料划分为Ⅰ类、Ⅱ类、Ⅲ类。再生细骨料按细度模数分为粗、中、细三种规格,其分类方法同《建筑用砂》(GB/T 14684—2011)。

**1. 颗粒级配**

《建筑用砂》(GB/T 14684—2011)对颗粒级配的要求见表 2.26 和图 2.19。

图 2.17 简单破碎再生细骨料

图 2.18 颗粒整形再生细骨料

**表 2.26 人工砂颗粒级配(GB/T 14684—2011)**

| 方筛孔 | 级配区 | | |
| --- | --- | --- | --- |
| | 1 | 2 | 3 |
| 9.50 mm | 0 | 0 | 0 |
| 4.75 mm | 10 ~ 0 | 10 ~ 0 | 10 ~ 0 |
| 2.36 mm | 35 ~ 5 | 25 ~ 0 | 15 ~ 0 |
| 1.18 mm | 65 ~ 35 | 50 ~ 10 | 25 ~ 0 |
| 600 μm | 85 ~ 71 | 70 ~ 41 | 40 ~ 16 |
| 300 μm | 95 ~ 80 | 92 ~ 70 | 85 ~ 55 |
| 150 μm | 100 ~ 85 | 100 ~ 80 | 100 ~ 75 |

注:除了 4.75 mm 和 600 μm 筛挡外,可以略有超出,但是超出总量应小于 5%

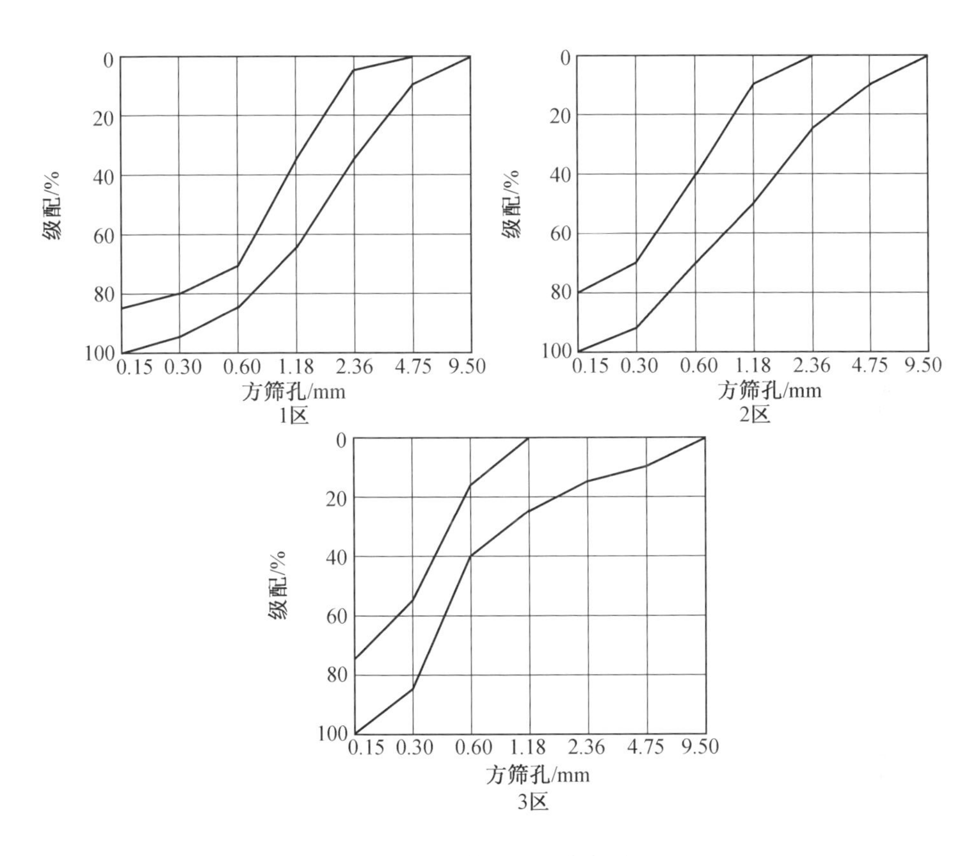


图 2.19 颗粒级配区分布图

**2. 微粉含量和泥块含量**

GB/T 14684—2011 对人工砂石粉含量和泥块含量的要求见表 2.27。

**表 2.27 人工砂石粉含量和泥块含量(GB/T 14684—2011)** %

| 项目 | | Ⅰ类 | Ⅱ类 | Ⅲ类 |
|---|---|---|---|---|
| 亚甲蓝 MB<1.40 或合格 | 石粉含量 | <3.0 | <5.0 | <7.0* |
| | 泥块含量 | 0 | <1.0 | <2.0 |
| 亚甲蓝 MB≥1.40 或不合格 | 石粉含量 | <1.0 | <3.0 | <5.0 |
| | 泥块含量 | 0 | <1.0 | <2.0 |

注:* 根据使用地区和用途,在试验验证的基础上,可由供需双方协商确定

相对于天然河砂,再生细骨料微粉含量虽多,但主要为非黏性无机物(水泥石颗粒和石粉,如图 2.20 所示),对混凝土性能影响小。天然砂所含泥块多为黏土聚合物,属于气硬性材料,在混凝土搅拌过程中易破碎成为泥土,对

混凝土性能有较大影响;再生细骨料在堆放过程中,微粉残余活性会导致再生细骨料结块,形成“泥块”,对混凝土的性能影响较小。结合国外标准,GB/T 14684—2011 对再生细骨料的标准在对人工砂含泥量、泥块含量要求的基础上,适当降低要求。标准见表 2.28。

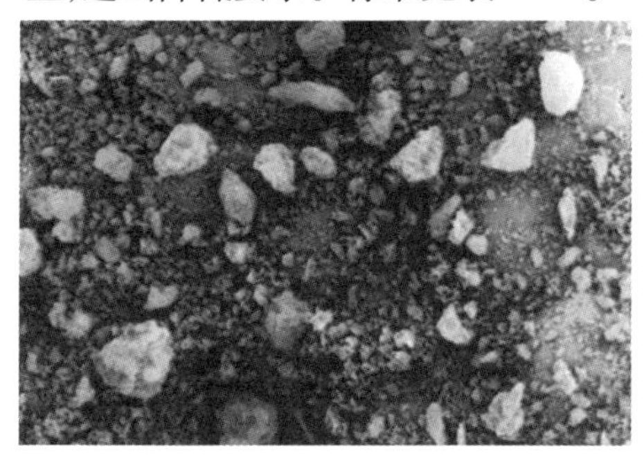
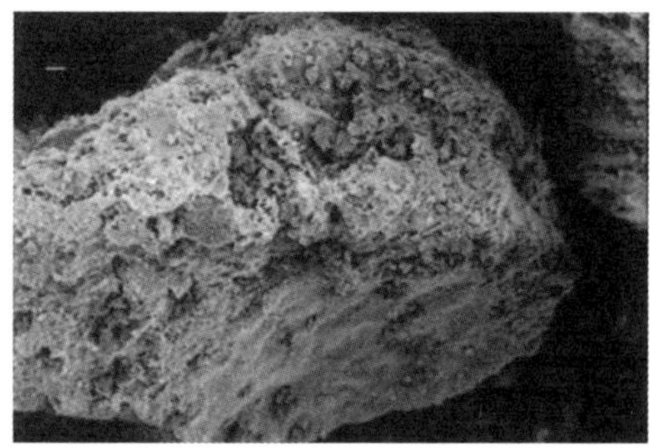

图 2.20 微粉电镜图

**表 2.28 再生细骨料微粉含量和泥块含量指标**

| 项目 | | Ⅰ类 | Ⅱ类 | Ⅲ类 |
| --- | --- | --- | --- | --- |
| 微粉含量/% < | 亚甲蓝 MB 值<1.40 或合格 | 5.0 | 6.0 | 9.0 |
| | 亚甲蓝 MB 值≥1.40 或不合格 | 1.0 | 3.0 | 5.0 |
| 泥块含量/% < | | 1.0 | 2.0 | 3.0 |

**3. 有害物质**

有害物质的测定按照 GB/T 14684—2011 中的相应规定进行。

GB/T 14684—2011 对有害物质含量的要求:砂中不应混有草根、树叶、树枝、塑料、煤块、炉渣等杂物。砂中如含有云母、轻物质、有机物、硫化物及硫酸盐、氯化物等,其含量应符合表 2.29 规定。

**表 2.29 有害物质限值**

| 项目 | Ⅰ类 | Ⅱ类 | Ⅲ类 |
| --- | --- | --- | --- |
| 云母含量/% < | 1.0 | 2.0 | 2.0 |
| 轻物质含量/% < | 1.0 | 1.0 | 1.0 |
| 有机物含量(比色法) | 合格 | 合格 | 合格 |
| 硫化物及硫酸盐含量(按 $SO_3$ 质量计)/% < | 0.5 | 0.5 | 0.5 |
| 氯化物(以氯离子质量计)/% < | 0.01 | 0.02 | 0.06 |

《混凝土结构耐久性设计规范》(GB/T 50476—2008)对氯离子含量(按所有原材料的氯离子含量实测值累加确定)的要求见表 2.30。

表 2.30　氯离子含量最高限值

| 钢筋混凝土 | | 环境作用程度 | 占胶凝材料/% | 约占混凝土质量*/% |
|---|---|---|---|---|
| 环境类别 | 一般环境 | I-A 轻微 | 0.30 | 0.050 |
| | | I-B 轻度 | 0.20 | 0.033 |
| | | I-C 中度 | 0.15 | 0.025 |
| | 海洋氯化物环境中度、严重、非常严重 | | 0.10 | 0.017 |
| 按环境有无氯盐分类 | | 无氯盐环境 | 0.20 | 0.033 |
| | | 氯盐环境 | 0.10 | 0.017 |

注：* 数据为估算值

**4. 坚固性和压碎指标值**

GB/T 14684—2011 规定天然砂采用硫酸钠溶液法进行试验，应符合表 2.31的要求。试验按照 GB/T 14684—2011 中 6.12.1 的规定进行。

表 2.31　天然砂坚固性指标

| 项目 | Ⅰ类 | Ⅱ类 | Ⅲ类 |
|---|---|---|---|
| 质量损失/%　< | 8 | 8 | 10 |

GB/T 14684—2011 规定人工砂采用压碎指标法进行试验，应符合表2.32 的要求。试验按照 GB/T 14684—2011 中 6.12.2 的规定进行。

表 2.32　人工砂坚固性指标

| 项目 | Ⅰ类 | Ⅱ类 | Ⅲ类 |
|---|---|---|---|
| 单级最大压碎指标值/%　< | 20 | 25 | 30 |

再生细骨料性能与天然砂较为接近，首先按照 GB/T 14684—2011 天然砂的坚固性指标的测定方法 6.12.2.3 进行测定，试验结果如图 2.21 所示。

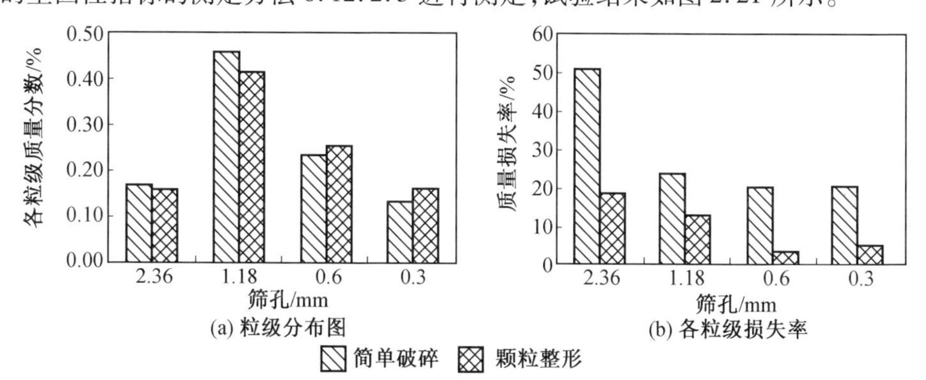


图 2.21　粒级分布图与各粒级损失率

由图 2.21 可知，因 GB/T 14684—2011 中 6.12.2 没有考虑粒级分布，而

是取不同粒级的最大值作为压碎指标值,测定结果只能反映某粒级的坚固性,而不能反映再生细骨料整体的坚固性。由于粗细骨料在进行分离时,筛分过程简单,导致进行细骨料筛分试验时 2.36 mm 筛上的颗粒平均粒径偏小,经外力破坏后,容易通过 2.36 mm 筛,质量损失较大。因此,采用人工砂的评定方法来评定再生细骨料不准确,该标准应采用质量损失法和单级压碎指标法进行双控,确保再生细骨料的品质。

考虑到再生细骨料含有水泥石,对坚固性造成影响,国家标准对坚固性的要求进行了适当调整,试验结果精确至 0.1%,见表 2.33。

**表 2.33 再生细骨料压碎指标**

| 项目 | Ⅰ类 | Ⅱ类 | Ⅲ类 |
|---|---|---|---|
| 压碎指标值/% < | 20 | 25 | 30 |
| 坚固性/% < | 7.0 | 9.0 | 12.0 |

**5. 表观密度、堆积密度、空隙率**

GB/T 14684—2011 对表观密度、堆积密度和空隙率的要求为:表观密度大于 2 500 $kg/m^3$;松散堆积密度大于 1 350 $kg/m^3$;空隙率小于 47%。

考虑到再生胶砂表面黏附有水泥石、粒形不规则、颗粒级配差别大等特点,再生胶砂的表观密度、堆积密度、空隙率评定标准在 GB/T 14684—2011 基础上适当放宽,见表 2.34。

**表 2.34 再生细骨料表观密度、堆积密度、空隙率指标**

| 项目 | Ⅰ类 | Ⅱ类 | Ⅲ类 |
|---|---|---|---|
| 表观密度/($kg \cdot m^{-3}$) > | 2 450 | 2 350 | 2 250 |
| 堆积密度/($kg \cdot m^{-3}$) > | 1 350 | 1 300 | 1 200 |
| 空隙率/% < | 46 | 48 | 52 |

**6. 碱集料反应**

试验按照 GB/T 14684—2011 中 6.15 的规定进行。经碱集料反应试验后,由混凝土再生细骨料制备的试件应无裂缝、酥裂、胶体外溢等现象,在规定的试验龄期膨胀率应小于 0.10%。

**7. 再生胶砂需水量比**

GB/T 14684—2011 采用吸水率指标作为天然砂和人工砂的分类指标之一,而日本主要采用吸水率指标作为划分再生细骨料等级的依据,但是在测定再生细骨料吸水率过程中发现,吸水率试验测定数据的离散性大,结果不可靠。一方面再生细骨料因微粉含量较高,容易在试验过程中产生质量损失;另一方面再生细骨料由于粒形复杂、表面粗糙,不易坍落,不易判断饱和面干状态,可操作性差。

影响再生细骨料工作性的因素除吸水率外还有骨料粒形、颗粒级配等很多因素,吸水率不能全面反映再生细骨料的工作性能,因此不采用吸水率来划分再生细骨料等级。需水量是影响砂浆、混凝土强度和耐久性的重要指标。再生胶砂需水量比是反映再生细骨料细度模数、颗粒级配、表面吸水能力、粒形、粗糙程度等的综合指标,能够更全面地反映再生细骨料的胶砂工作性能差异。

再生胶砂需水量比应符合表2.35的规定。

**表2.35　再生胶砂需水量比指标**

| 项目 | Ⅰ类 | | | Ⅱ类 | | | Ⅲ类 | | |
|---|---|---|---|---|---|---|---|---|---|
| | 细 | 中 | 粗 | 细 | 中 | 粗 | 细 | 中 | 粗 |
| 需水量比 | <1.35 | <1.30 | <1.20 | <1.55 | <1.45 | <1.35 | <1.80 | <1.70 | <1.50 |

为了分析水在再生胶砂中的分配比例,按照标准要求的试验方法,分别取简单破碎再生细骨料、颗粒整形再生细骨料和天然砂进行试验,得到需水量数据如图2.22所示。视细骨料粒形均为球形,且骨料粒径为上下筛筛孔尺寸平均值,根据试验结果,取简单破碎再生细骨料、颗粒整形再生细骨料和天然砂的表观密度分别为2 370 $kg/m^3$、2 480 $kg/m^3$和2 600 $kg/m^3$,计算总表面积,计算结果见表2.36。

**表2.36　细骨料的需水量与总表面积**

| 细度模数 | | 2 | 2.3 | 2.6 | 2.9 | 3.2 |
|---|---|---|---|---|---|---|
| 需水量/mL | 简破 | 361 | 340 | 323 | 310 | 301 |
| | 整形 | 295 | 287 | 279 | 273 | 268 |
| | 天然砂 | 269 | 260 | 251 | 243 | 236 |
| 总表面积/$cm^2$ | 简破 | 99 557 | 85 864 | 74 820 | 63 229 | 52 054 |
| | 整形 | 96 320 | 83 073 | 72 388 | 61 173 | 50 362 |
| | 天然砂 | 98 362 | 84 834 | 73 922 | 62 471 | 51 430 |

在本模型中,将水分为内部吸收水、表面吸附水(形成水膜的水)和自由水三部分。其中内部吸收水量取决于骨料自身吸水能力,表面吸附水量取决于骨料的总表面积,自由水则形成水泥浆体。

由图2.22可知,当总表面积为零时,再生细骨料的内部吸收水总量和自由水总量高于天然河砂,考虑试验控制流动性相同,该差异主要是再生骨料吸水率高造成的。当表面积增加时,砂浆用水量增加,这主要是由于表面吸附水增加造成的。由图2.23可知,颗粒整形细骨料和天然砂的斜率基本相同,简

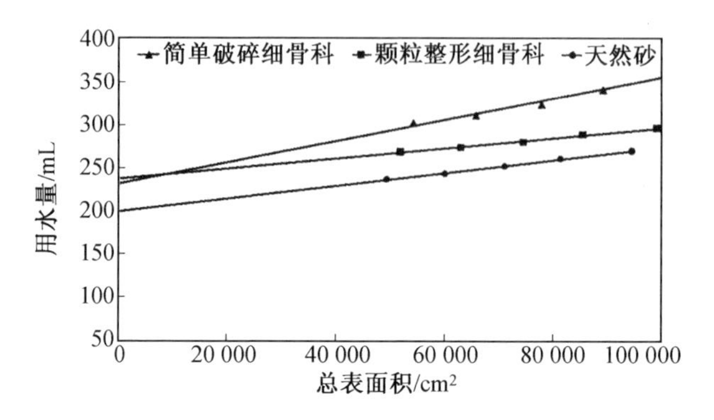


图 2.22　胶砂需水量

单破碎细骨料的斜率较大,表明简单破碎细骨料的粒形较差。随着细度模数的减小(表面积增大),粒形对需水量的影响愈加明显。

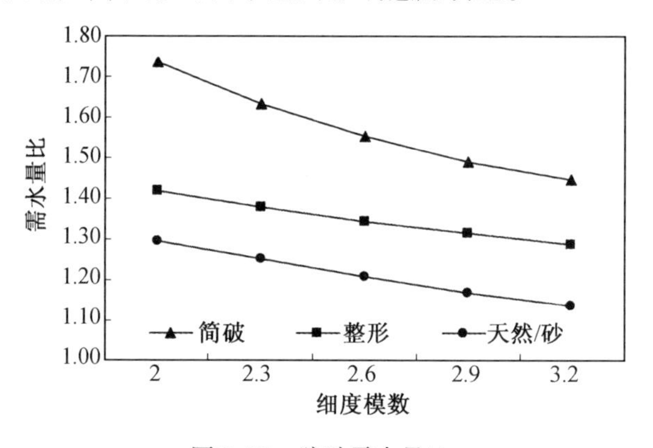


图 2.23　胶砂需水量比

胶砂需水量比受到再生细骨料粒形和吸水率等多种因素的影响,能够比单一吸水率指标更好地反映细骨料对拌合物流动性的影响。

**8. 再生胶砂强度比**

强度是混凝土和砂浆的重要指标。再生细骨料需水量比能够反映出再生细骨料拌合物的工作性能,但不能直观地反映再生细骨料品质对硬化后混凝土和砂浆强度的影响,因此有必要引入再生胶砂强度比。

再生胶砂强度比应符合表 2.37 的规定。

表 2.37 再生胶砂强度比指标

| 项目 | Ⅰ类 | | | Ⅱ类 | | | Ⅲ类 | | |
|---|---|---|---|---|---|---|---|---|---|
| | 细 | 中 | 粗 | 细 | 中 | 粗 | 细 | 中 | 粗 |
| 强度比 | >0.80 | >0.90 | >1.00 | >0.70 | >0.85 | >0.95 | >0.60 | >0.75 | >0.90 |

《混凝土和砂浆用再生细骨料》(GB/T 25176—2010)对再生细骨料各项技术指标的要求见表 2.38。其中,出厂检验项目包括:颗粒级配、细度模数、微粉含量、泥块含量、胶砂需水量比、表观密度、堆积密度和空隙率;形式检验包括除碱集料反应外的所有项目;碱集料反应根据需要进行。为了对再生骨料品质进行划分,对表观密度、堆积密度、空隙率、坚固性、压碎指标、微粉含量、泥块含量、胶砂需水量比和胶砂强度比九项指标按照相关要求进行分类,其他指标不再进行详细分类。

表 2.38 再生细骨料的分类与技术要求

| 项目 | | 指标 | | |
|---|---|---|---|---|
| | | Ⅰ类 | Ⅱ类 | Ⅲ类 |
| 颗粒级配 | | — | 合格 | — |
| 有机物含量(比色法) | | — | 合格 | — |
| 碱集料反应 | | — | 合格 | — |
| 表观密度/($kg \cdot m^{-3}$) > | | 2 450 | 2 350 | 2 250 |
| 堆积密度/($kg \cdot m^{-3}$) > | | 1 350 | 1 300 | 1 200 |
| 空隙率/% < | | 46 | 48 | 52 |
| 最大压碎指标值/% < | | 20 | 25 | 30 |
| 饱和硫酸钠溶液中质量损失/% < | | 7.0 | 9.0 | 12.0 |
| 硫化物及硫酸盐含量(按 $SO_3$ 质量计)/% < | | 2.0 | 2.0 | 2.0 |
| 氯化物(以氯离子质量计)/% < | | 0.06 | 0.06 | 0.06 |
| 云母含量/% < | | 2.0 | 2.0 | 2.0 |
| 轻物质含量/% < | | 1.0 | 1.0 | 1.0 |
| 微粉含量/% < | 亚甲蓝 MB 值<1.40或合格 | 5.0 | 6.0 | 9.0 |
| | 亚甲蓝 MB 值≥1.40或不合格 | 1.0 | 3.0 | 5.0 |

续表 2.38

| 项目 | | 指标 | | |
|---|---|---|---|---|
| | | Ⅰ类 | Ⅱ类 | Ⅲ类 |
| 泥块含量/% < | | 1.0 | 2.0 | 3.0 |
| 再生胶砂需水量比 ≤ | 细 | 1.35 | 1.55 | 1.80 |
| | 中 | 1.30 | 1.45 | 1.70 |
| | 粗 | 1.20 | 1.35 | 1.50 |
| 再生胶砂强度比 ≤ | 细 | 0.80 | 0.70 | 0.60 |
| | 中 | 0.90 | 0.85 | 0.75 |
| | 粗 | 1.00 | 0.95 | 0.90 |

# 2.6 建筑垃圾微粉

本书所述的建筑垃圾微粉是指在生产建筑垃圾再生粗、细骨料过程中形成的粒径小于75 μm的颗粒，也称再生掺合料或再生粉体。国际上绝大多数废弃混凝土的回收利用仅仅采用简单破碎和骨料分级的方法，产生的粉体量很少，故这方面的研究也很少。日本的骨料强化技术发达，主要有立式偏心研磨法、卧式回转研磨法、加热研磨法、冲击磨碎法和湿式研磨比重选择法等。除最后一种方法外，其他技术都会产生大量粉体，其中加热研磨法产生的粉体量约占原废弃混凝土质量的50%。关于这部分粉体，日本也未找到有效的利用方法，一般主要用作路基垫层或利用其残余的胶凝性代替砂浆作为陶瓷地板的找平、黏结材料。

## 2.6.1 建筑垃圾微粉组成

骨料颗粒整形强化技术利用高速（最大线速度可达100 m/s）运动的再生骨料之间的反复冲击与摩擦作用，打掉再生骨料上较为突出的棱角并除去颗粒表面附着的砂浆和水泥石，使其成为较为干净、圆滑的再生骨料。颗粒整形过程中骨料之间相互碰撞，其棱角和黏附在表面的水泥砂浆被打掉，粒径较大的颗粒从主机下腔体流出成为颗粒整形再生骨料；在碰撞过程中形成的大量粒径小于0.16 mm的颗粒，在引风机的作用下随气流进入除尘器并被收集起来，可以称之为建筑垃圾微粉。建筑垃圾微粉的质量占原料质量的15%～20%。

目前,随着拆迁改造和大批建筑物达到使用寿命,每年产生大量废弃混凝土,如果利用颗粒整形技术强化骨料,必然会产生大量粉体,这些粉体的存放和处理也会产生一系列问题。

**1. 建筑垃圾微粉细度**

建筑垃圾微粉是一种质地疏松的建筑垃圾粉末,其平均粒径为 30 μm。

**2. 建筑垃圾微粉化学成分**

(1)化学成分。

建筑垃圾微粉的化学组成与水泥基本相同,但 $SiO_2$ 的含量较高,其原因是建筑垃圾微粉中还含有一定量的砂石碎屑。

(2)矿物组成。

典型的建筑垃圾微粉的 X 射线衍射分析结果如图 2.24 所示。

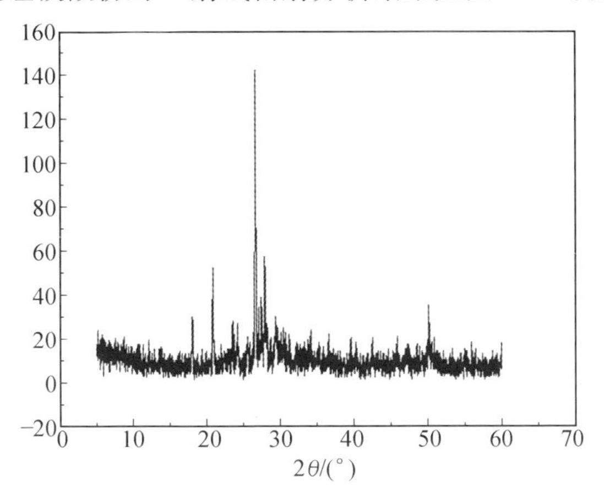


图 2.24 建筑垃圾微粉 X 射线衍射图

从衍射图中可见,建筑垃圾微粉中最主要的晶相成分是 $SiO_2$,这说明废弃混凝土砂石骨料中的碎屑在建筑垃圾微粉中占有较大比例。衍射图中的背景很高且不能发现硅酸钙、铝酸钙等晶体的衍射峰,说明此建筑垃圾微粉中的水泥颗粒已基本水化完全,主要以凝胶体形式存在。

## 2.6.2 再生粉体的性质

**1. 密度**

再生粉体是一种质地疏松的建筑垃圾粉末,其堆积密度为 874 $kg/m^3$,密度为 2 593 $kg/m^3$。

### 2. 粒径分布

使用 HORIBA LA-300 型激光粒度仪对再生粉体进行检测，其平均粒径为 30.4 μm，粒径分布见表 2.39 和如图 2.25 所示。

表 2.39 再生粉体粒径分布

| 粒径/μm | <5 | 5～10 | 11～20 | 21～40 | 41～60 | 61～80 | 81～120 | 121～160 | >160 |
|---|---|---|---|---|---|---|---|---|---|
| 累积/% | 14.85 | 27.02 | 46.78 | 75.99 | 87.06 | 94.53 | 98.93 | 99.73 | 0.27 |

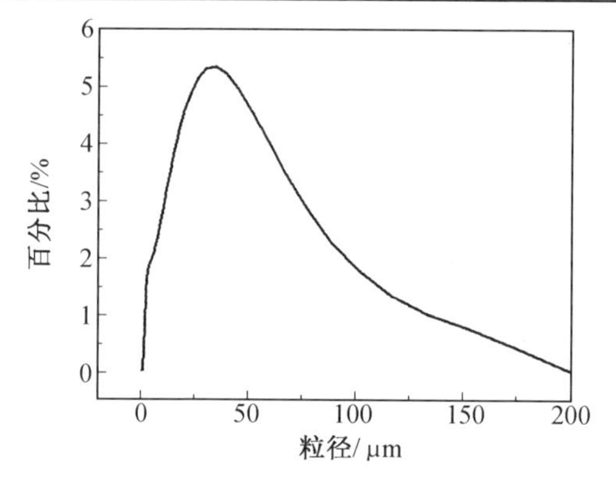


图 2.25 再生粉体粒径分布曲线

### 3. 比表面积

使用 DBT-127 型电动勃氏透气比表面积仪对其进行比表面积检测的结果是350 $m^2/kg$，但是使用金埃谱公司的 F-Sorb 2400 型比表面积测试仪利用氮气吸附法所得到的结果是 11 620 $m^2/kg$。勃氏透气比表面积仪的测试原理是根据一定量的空气通过具有一定空隙率和固定厚度的物料层时，所受的阻力不同而引起流速的变化来测定样品的比表面积。在一定空隙率的物料层中，孔隙的大小和数量是颗粒尺寸的函数，同时也决定了通过料层的气流速度，根据一定体积的空气通过料层的时间可以计算出样品的比表面积，但该方法对多孔材料并不适用。金埃谱公司的 F-Sorb 2400 型比表面积测试仪测试比表面积的依据是 BET 理论。该理论认为，气体在固体表面上的吸附是多分子层的，并且在不同压力下，所吸附的层数也不同。只要在不同压力下测得吸附平衡时样品表面所吸附的气体量，就能够计算出样品的比表面积，该比表面积包括颗粒外部和内部通孔的表面积。由以上讨论可知，再生粉体虽然粒径分布与水泥相似，但比表面积远远大于水泥，主要原因是其内部含有大量相互连通的孔隙，这主要是因为再生粉体中含有大量硬化水泥石颗粒。已有的研究表明，这些颗粒中的 C-S-H 凝胶比表面积为 20 000～30 000 $m^2/kg$。所以,若要了解再生粉体的性质,也应对硬化水泥石粉末的性质进行研究。

**4. 流动性**

建筑垃圾微粉级配较差,难以有效填充胶砂浆体颗粒的间隙,使所需的填充水增加;在电子显微镜下可见再生粉体结构疏松,颗粒表面粗糙不平,颗粒中含有大量连通的孔隙,增加了表面层水和吸附水的数量,增大了胶砂的内摩阻力,导致流动度随掺量增加呈线性下降。研究发现,在建筑垃圾微粉掺量达到50%时,胶砂流动度下降34%。相对而言,矿渣是玻璃态物质,对水的吸附能力较差,且较难磨细,比表面积与水泥相似,对流动性影响不大。

建筑垃圾微粉中含有 $Ca(OH)_2$、硬化水泥石和骨料的细小颗粒,会对水泥的需水量和水化过程产生影响。在水泥水化的诱导期阶段,硅酸根离子抑制溶液中的 $Ca(OH)_2$的析晶,只有当溶液中建立了充分的过饱和度时,才能形成稳定的 $Ca(OH)_2$晶核。当晶核尺寸达到一定尺寸和数量,$Ca(OH)_2$迅速析出,$C_3S$ 溶解随之加速,加速期开始。因此,建筑垃圾微粉和水泥石中 $Ca(OH)_2$的晶体能够缩短水泥净浆的凝结时间。然而有试验表明掺加建筑垃圾微粉的水泥净浆凝结时间与纯水泥净浆基本相同,说明其对建筑垃圾微粉净浆的凝结时间无明显影响。

**5. 胶凝活性**

建筑垃圾微粉中含有大量 C-S-H 凝胶。部分研究表明,在水泥水化过程中,C-S-H 凝胶颗粒能够起到晶种作用,提高试块强度,特别是早期强度;也有部分文献指出,用 C-S-H 凝胶作为晶种时,试块强度不升反降。建筑垃圾微粉中不仅含有大量 C-S-H 凝胶,还含有砂石骨料碎屑和未水化水泥颗粒等“杂质”。微粉受原废弃混凝土的影响较大,如原混凝土的水胶比、胶凝材料种类、外加剂种类、砂石骨料种类、所处环境、龄期以及再生微粉的存放条件等都可能会对微粉的性质产生影响。所以有必要对建筑物所使用的建材建立档案,以备在达到其使用寿命拆除时能按照材料的不同进行分类堆放;在拆除旧建筑时,也应对其所使用建材有尽可能多的了解,这样既有利于废弃混凝土的管理,也有利于保证再生混凝土性能的稳定。建筑垃圾微粉可以在混凝土或砂浆中作为矿物掺合料替代水泥,且在掺量较低的情况下对其力学性能影响不大。建筑垃圾微粉还能够与石油焦渣、飞灰以及其他建筑垃圾按不同比例混合制成蒸压砖。对建筑垃圾微粉混凝土、砂浆和蒸压砖等制品的其他力学和耐久性能进行研究,可以进一步加深对其性能的了解和促进其在工程上的应用。

# 第3章　再生泵送混凝土技术

再生骨料混凝土是指用再生骨料部分或全部代替天然骨料配制而成的混凝土,简称再生混凝土。再生骨料循环利用不仅可以降低处理废混凝土的费用,而且可以节约有限资源。因此,世界各国从自己的实际情况出发,相继开展了这一方面的研究工作。国内再生混凝土的研究起步较晚,生产出的再生骨料性能较差(粒形和级配都不好,表面附有大量砂浆,吸水率大,密实体积小,压碎指标高),多用于低强度的混凝土及其制品,研究工作主要集中在低品质再生骨料和再生混凝土方面。

混凝土工程的施工具有整体性,这种整体性主要表现在:①混凝土从制备到浇筑、振捣、抹面、养护是一个连续的过程,中间不允许有较长的间断时间;②混凝土工程的质量既与混凝土材料的制备质量有关,也与施工质量有关。商品混凝土与传统现场搅拌混凝土最大的区别在于混凝土制备过程与施工过程的分离。这种分离进一步提高了专业化程度,能够促进混凝土材料科学技术水平和建筑施工技术水平的提高。但是商品混凝土生产打破了混凝土生成和施工的整体性,实际上商品混凝土生产企业只负责按照要求生产混凝土并运送到工地交货为止,并不管施工单位如何施工,施工人员并不对混凝土质量负责。因此商品混凝土产品质量很难保证,配合比设计也很难达到以原材料状况为依据,针对实际使用环境而进行。再生泵送混凝土用的再生骨料质量逊于天然骨料,对混凝土生产和施工的技术要求就更加苛刻。上述问题的存在给再生泵送混凝土的商品化带来严重制约。

## 3.1　再生泵送混凝土的概念

再生混凝土是在配制过程中掺用了再生骨料,且再生骨料的质量分数不低于30%(占骨料总量)的混凝土。如果是将再生骨料和水泥、其他集料、水以及根据需要掺入的外加剂、矿物掺合料等组分按一定比例,在搅拌站经集中拌制后出售的混凝土拌合物,则可以称为再生泵送混凝土(Recycled Pumping Concrete)。

利用建筑垃圾制备预拌再生泵送混凝土,是目前再生混凝土应用研究的热点。对预拌再生混凝土的概念、配合比设计、影响因素和泵送技术等进行研究,能够促使再生混凝土向商品化、工业化生产的方向发展,以发挥其最大的工程价值。

## 3.2 再生泵送混凝土技术特征

要配制所需强度的再生骨料泵送混凝土,再生骨料必须有足够强度,并且在环境湿度改变时尺寸稳定性良好。其次,再生骨料不应与水泥和钢筋发生化学反应,也不能含有活性杂质。此外,为使泵送混凝土混合料达到可接受的工作性,再生骨料应有合适的颗粒形状和级配。通常只有干净分级的破碎混凝土骨料能满足此要求。

①在配合比相同的前提下,使用再生粗骨料可以配制与基准混凝土强度相同的再生骨料混凝土。为保证与基准混凝土具有相同的坍落度,必须增加拌合水。

②使用再生粗骨料代替原生骨料,不会影响再生骨料混凝土的强度和抗冻性。

③考虑到再生细骨料吸水率和含水量测定非常困难,此外还会增加新拌混凝土的需水量,降低混凝土的强度,也许还会影响硬化混凝土的耐久性,因此,在生产高质量混凝土时,不宜使用再生细骨料。随着再生骨料颗粒尺寸的降低,水泥净浆量在增大。在多数情况下,旧水泥浆和旧砂浆对再生混凝土的品质有不利影响,因此应该避免使用颗粒粒度小于2 mm的再生细骨料。

## 3.3 再生骨料对混凝土性能的影响

### 3.3.1 再生粗骨料

#### 1. 工作性

简单破碎再生粗骨料附着的水泥石、水泥砂浆较多,骨料存在大量的棱角,因此用水量大大高于天然粗骨料。颗粒整形后的再生粗骨料改善了粒形,去掉了棱角,颗粒趋于球形,用水量比与天然粗骨料相当。

#### 2. 抗压强度

通过天然粗骨料、颗粒整形再生粗骨料及分别与河砂配制的混凝土抗压强度的比较可以发现,颗粒整形再生粗骨料的抗压强度明显高于简单破碎再生粗骨料,但仍然略低于天然粗骨料。这是因为,再生粗骨料的用水量较大,水灰比高,再生粗骨料混凝土的抗压强度低于天然粗骨料混凝土。经过颗粒整形的再生粗骨料受到原砂浆强度以及原砂浆与原碎石界面结合能力的制约,在水灰比与天然粗骨料混凝土接近的情况下,抗压强度略低。这是因为,再生粗骨料吸水率高,加水搅拌后,再生骨料大量吸收新拌水泥浆中多余水分,既降低了粗骨料表面的水灰比,又降低了混凝土拌合物的有效水灰比。另外,再生骨料表面包裹着水泥砂浆,使再生骨料与新的水泥砂浆之间弹性模量相差较小,界面结合可能得到加强。界面结合的加强,使因再生骨料强度较低而导致的再生混凝土性能的劣化得到了一定程度的补偿。

**3. 抗折强度和劈裂抗拉强度**

天然粗骨料、颗粒整形再生粗骨料及简单破碎再生粗骨料分别与河砂配制的混凝土抗折强度和劈裂抗拉强度依次减小,这与它们的用水量依次增加、水灰比依次变高有关。

**4. 收缩性能**

使用再生粗骨料制备再生骨料混凝土,其收缩值明显高于基准混凝土,增幅达30% ~50%。这是因为再生粗骨料含有较多的砂浆和裂纹,经过整形处理后,去掉了部分砂浆,使骨料模量得到提高,对混凝土的收缩起到较好的限制作用。因此简单破碎再生粗骨料混凝土的收缩比天然粗骨料混凝土大,而颗粒整形再生粗骨料混凝土的收缩比天然粗骨料混凝土略有减小。

**5. 抗碳化性能**

颗粒整形再生粗骨料的抗碳化性能明显优于简单破碎再生粗骨料,但仍然略低于天然粗骨料。这是因为,再生粗骨料的用水量较大,水灰比高,导致强度较低;再生粗骨料中原有砂浆部分的多孔结构会成为碳化的通道。

**6. 抗冻性能的影响**

简单破碎再生骨料混凝土的抗冻性能与天然骨料混凝土相差较大,而颗粒整形再生骨料混凝土的抗冻性能与天然骨料混凝土相当。

**7. 抗渗透性能**

简单破碎再生细骨料混凝土的抗渗性比天然细骨料混凝土差,简单破碎细骨料经过整形处理后,抗渗性得到明显提高。颗粒整形再生粗骨料及简单破碎再生粗骨料分别与河砂配制的混凝土扩散系数高于天然粗骨料混凝土。

**8. 骨料界面对混凝土的影响**

在实际工程中,不同粗骨料配制混凝土的水灰比是不同的,同水灰比的比较只适用于理论研究。为了比较不同粗骨料与水泥砂浆的界面黏结强度的差异,采用水灰比与抗压强度的关系图进行分析,如图 3.1 所示。

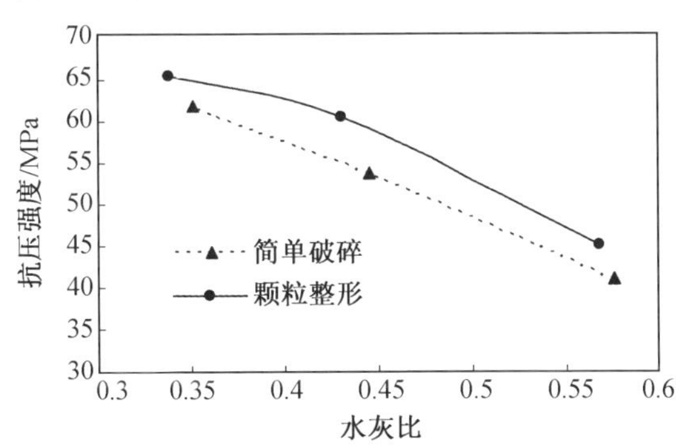


图 3.1 再生混凝土水灰比与抗压强度的关系

由图 3.1 可知,同水灰比时,颗粒整形再生粗骨料混凝土的强度高于简单破碎再生粗骨料混凝土。这是因为在整形过程中,骨料表面黏附的低强度水泥砂浆(骨料与新砂浆结合面的薄弱环节)被剥离,界面结合强度得到提高。

### 3.3.2 再生细骨料

**1. 工作性**

再生细骨料混凝土的用水量比天然砂配制混凝土多,粗骨料的品质对不同再生细骨料混凝土的用水量也有影响。

**2. 抗压强度**

再生细骨料混凝土的抗压强度比天然细骨料混凝土低,这与其用水量多、水灰比高有关。经过整形处理后的细骨料,其混凝土强度与天然砂配制混凝土的抗压强度相差幅度明显降低。

**3. 抗折强度和劈裂抗拉强度**

再生细骨料混凝土的抗折强度和劈裂抗拉强度比天然细骨料混凝土低,这与其用水量多、水灰比高有关。经过整形处理后的细骨料,其混凝土抗折强度和劈裂抗拉强度与天然砂配制混凝土的劈裂抗拉强度相比降低幅度较小。

**4. 收缩性能**

整形细骨料吸收水分后降低了实际水胶比,可以减小收缩量,而简单破碎再生细骨料混凝土的需水量大,并且简单破碎再生细骨料的模量与河砂差距较大,所以简单破碎再生细骨料混凝土收缩量较大。

**5. 抗碳化性能**

当粗骨料均为天然骨料时,再生细骨料混凝土的抗碳化性能比天然混凝土的抗碳化性能差。

**6. 抗冻性能**

当粗骨料均为天然骨料时，整形细骨料的抗冻性能与河砂的抗冻性能相差不大；当粗骨料均为简单破碎粗骨料时，简单破碎细骨料的抗冻性能显著低于河砂混凝土。

**7. 抗渗透性能**

简单破碎再生细骨料混凝土的抗渗性比天然细骨料混凝土差，简单破碎细骨料经过整形处理后，抗渗性明显提高。

## 3.4 再生混凝土的可泵性

预拌再生混凝土可泵性是指预拌再生混凝土在泵送过程中具有良好的流动性、阻力小、不离析、不易泌水、不堵塞管道等性质，主要表现为流动性和内聚性。流动性是能够泵送的主要性能；内聚性是抵抗分层离析的能力，即使在振动状态下和在压力条件下也不容易发生水与骨料的分离。

### 3.4.1 对可泵性的基本要求

预拌再生混凝土对可泵性的基本要求如下：

(1) 预拌再生混凝土与管壁的摩擦阻力要小，泵送压力合适。如摩擦阻力大，输送的距离和单位时间内输送量受到限制，再生混凝土承受的压力加大，再生混凝土质量会发生改变。再生骨料吸水率较高，因此再生混凝土与管壁的摩擦阻力要比普通混凝土大，生成厂家需要对此情况做特殊处理。

(2) 泵送过程中不得有离析现象。如出现离析，再生骨料在砂浆中则处于非悬浮状态，再生骨料相互接触，摩擦阻力增大，超过泵送压力时，将引起堵管，而一般再生混凝土的黏聚性较好。

(3) 在泵送过程中(压力条件下) 预拌再生混凝土质量不得发生明显变化。

预拌再生混凝土的泵送存在因压力条件导致泌水和骨料吸水造成再生混凝土水分的迁移以及含气量的改变引起拌合物性质的变化，主要有如下两种情况：

① 泵压足够，但再生骨料吸水率大，在压力条件下，水分向前方迁移和向骨料内部迁移，使再生混凝土浆体流动性降低、润滑层水分丧失而干涩、含气量降低。再生混凝土局部受到挤压而变得密实，引起摩擦阻力加大，超过泵送

压力,引起堵管。

② 因输送距离和摩擦阻力原因造成泵压不足,同时浆体流动性不足,再生混凝土拌合物移动速度过缓,承受压力时间过长,持续压力条件下,再生混凝土局部受到挤压而密实并丧失流动性,摩擦阻力进一步加大,泵压更为不足,引起堵管。

泵送失败的两个主要原因是摩擦阻力大和离析。预拌再生混凝土拌合物在管道中处于流动状态,在压力推动下进行输送,水是传递压力的介质,在泵送过程中,管道摩擦阻力 $f$ 与流速 $v$ 是反映预拌再生混凝土拌合物在管道中的流动状态的两个主要参数,管道摩擦阻力 $f$ 与流速 $v$ 的关系计算式为

$$f = k_1 + k_2 v$$

式中 $k_1$—— 黏结系数,混凝土黏在管壁上产生的阻力系数,Pa;

$k_2$—— 速度系数,混凝土在管道内流动的速度快慢产生的阻力系数,pa · s/m;$k_1$ 和 $k_2$ 取决于混凝土配合比和管道内壁情况。

### 3.4.2 配合比对可泵性的影响

预拌再生混凝土的可泵性和预拌再生混凝土与管壁间的摩擦、压力条件下浆体性能及预拌再生混凝土质量变化等有关,与再生骨料的形状、吸水率及其配合比有关。

(1) 坍落度(或扩展度,均为流动性表征参数) 的影响。坍落度(扩展度) 大的预拌再生混凝土,流动性好,在不离析(骨料不聚集、浆体不分离)、少泌水(水分不游离) 的条件下,预拌再生混凝土黏度合适(不黏管壁),具有黏着系数和速度系数小的性质,压送就比较容易。

(2) 胶凝材料用量的影响。胶凝材料用量增加、水胶比降低,一般均引起黏着系数和速度系数随之增大,但过少(水胶比大) 时,容易发生离析、泌水,造成拌合物不均匀而引起堵管。

(3) 砂率的影响。砂率过高,需要足够的浆体才能提供合适的润滑层,否则黏着系数和速度系数会加大,适当降低砂率可以提供适当的浆体包裹量,但过低则容易发生离析,通常,由于再生粗骨料吸水率较大,泵送混凝土通常胶凝材料少、浆体含量不足、砂率偏高,应提供适当数量的细粉料(不能引起用水量明显增加),增加粉煤灰、引气剂用量,以增加浆体体积分数,保证预拌再生混凝土有足够的和易性。

### 3.4.3 原材料对可泵性的影响

**1. 再生骨料**

由于再生粗骨料的吸水率大,因此会对预拌再生混凝土的流动性造成不利影响。配制时可以适当增加用水量以满足再生骨料的吸水率需要,此时增加的用水量被再生骨料吸附而不是用于水泥水化,所以一般不会影响混凝土的其他性能。一般地,Ⅲ 类再生骨料可比 Ⅰ 类、Ⅱ 类再生骨料混凝土的用水量增加得多一些,再生骨料取代率越高,可增加的用水量越多,但是不论何种情况,用水量增加不应超过5%。由于再生骨料的吸水率往往高于天然骨料,掺用再生骨料的预拌混凝土的坍落度损失也往往会偏快,所以需要采取比常规混凝土更有效的措施加以控制,例如优化再生骨料颗粒形状、表面裹浆处理、减水剂延时掺加等。

**2. 水泥**

混凝土拌合物中骨料本身并无流动性,它必须均匀分散在水泥浆体中,通过水泥浆体带动一起向前移动,再生骨料随浆体的移动受的阻力与浆体在拌合物中的充盈度有关,在拌合物中,水泥浆填充骨料颗粒间的空隙并包裹着骨料,在再生骨料表面形成浆体层,浆体层的厚度越大(前提是浆体与骨料不易分离),则再生骨料移动的阻力就会越小,同时,浆体量大,再生骨料相对减少,混凝土流动性增大,在泵送管道内壁形成的薄浆层可起到润滑层的作用,使泵送阻力降低,便于泵送。水泥浆体的含量对预拌再生混凝土泵送特别重要,国内外对泵送混凝土的最小水泥用量都有明确规定,其规定的实质应是保证拌合物中的最低浆体含量,即保证填充骨料空隙、包裹骨料的浆体体积分数。水泥品种、细度、矿物组成与掺合料等对达到同样流动性的预拌再生混凝土需水性、保持流动性的能力、泌水特性、稠度影响差异较大,是影响可泵性的主要因素。

**3. 外加剂**

由于泵送工艺的需要,为了满足适当的浆体含量和适宜的流动性,泵送混凝土用水量通常较大,而从预拌再生混凝土性能考虑,则需要控制水胶比,需借助外加剂的功效来解决其中的矛盾。泵送工艺需要外加剂在混凝土中的功效体现在如下方面:降低用水量、增大流动性、改善和易性;改善泌水性能;改善因水胶比降低而增加的混凝土黏度以降低拌合物摩擦阻力;延长凝结时间以适应施工操作时间,改善水化;改善浆体流动性丧失的缺陷,降低坍落度损失。所以一般需要通过掺入减水剂或增加减水剂掺量等方式来保证泵送性。

**4. 水和超细粉料**

水是混凝土拌合物各组成材料间的联络项，也是泵送压力传递的关键介质，主宰混凝土泵送的全过程，但水加得太多，浆体过分稀释不利于泵送而且对混凝土强度及耐久性不利。通过掺粉煤灰等矿物掺合料及建筑垃圾微粉和高效减水剂多元复掺技术，可以提高预拌再生混凝土的泵送性。在水胶比相同的条件下，粉料的“滚珠效应”和“微集料效应”均有助于提高混凝土的流动性。

### 3.4.4 提高泵送效率的措施

(1) 选用合理的再生骨料，条件允许时，应优先采用表面处理的再生骨料。

(2) 控制适宜的初始坍落度。现场工程施工实践证明，很多情况下，配合比适当时，初始坍落度达到一定值(如 20 ~ 22 cm)时，拌合物的坍落度损失会减缓，泵送前后的坍落度变化也比较小。

(3) 采用保坍性能好的与水泥相适应的外加剂。

(4) 采用合适的外加剂掺加方式，外加剂滞水法掺加可以得到理想结果。

(5) 选择适宜的水泥，对外加剂适应性差的水泥，其坍落度损失都较大，通常选用比表面积大的水泥、CA 含量和碱含量高的水泥，选用品位低的混合材的水泥、非二水石膏调凝的水泥对外加剂的适应性较差，拌合的预拌再生混凝土流动度损失大。

(6) 选用品质好的粉煤灰、矿粉矿物掺合料。

(7) 降低温度升高的影响，采取措施降低拌合物的温度。

(8) 改善骨料级配，减少超径、含泥量大、含粉量高的骨料的使用。

## 3.5 再生混凝土的配合比设计

### 3.5.1 设计原则

泵送再生混凝土配合比设计就是用适宜的外加剂用量(兼顾减水和保坍性能)和适宜水胶比的胶凝材料浆体(不明显离析、泌水，并可以计算出其浆体含量)制得合适的砂浆填充合适含量的再生骨料的空隙并包裹再生骨料表面，达到流动性和可泵性的协调。

再生骨料混凝土的配合比设计与普通混凝土基本一致,可以使用相同的配合比设计方法,但在实际应用中要稍稍调整。

在进行再生骨料混凝土配合比设计时应注意以下几点:

① 在设计使用再生骨料生产再生骨料混凝土时,必须采用较高的标准偏差。

② 在设计阶段,当再生粗骨料与天然砂一起使用时,为达到所需抗压强度,可以假设再生骨料混凝土的有效水灰比与普通混凝土相同。如果试验结果显示抗压强度比假设值低,则必须调整水灰比。

③ 为达到相同坍落度,可以假设再生粗骨料混凝土的有效需水量比普通混凝土多 10 L/$m^3$。

④ 考虑到混凝土耐久性,再生骨料的最大颗粒尺寸应为 16 ~ 20 mm。

⑤ 由于再生混凝土混合料有效需水量较高,在计算再生骨料混凝土的水泥用量时,应比普通混凝土用量高些。

⑥ 配合比设计必须以实际测定的再生骨料密度为基础。

⑦ 在推算细粗骨料比时,可以假设再生骨料的最佳颗粒级配与普通骨料相同。

⑧ 为获得需要的坍落度有必要调整有效含水量,为获得所需的强度,有必要调整水灰比,以及为取得最好的经济效果和新拌混合料的内聚力而调整细粗骨料比。

⑨ 必须进行试配工作。

### 3.5.2 配合比调整

经过对几次试拌结果的分析,调整材料用量,使预拌再生混凝土拌合物的和易性满足要求,配合比的设计应遵循如下思路:

(1) 按照强度和耐久性要求,确定适宜的胶材方案、水胶比。

(2) 根据坍落度要求和外加剂不同类别的适宜减水性能,选取适宜的单位用水量和外加剂用量,按照拟定水胶比确定胶凝材料用量。

(3) 根据再生骨料的组成、级配、吸水率、掺加量情况,结合浆体体积的计算,确定骨料组成。一般情况下,可按照假定密度法进行砂率和再生骨料用量的假定估算,对于预拌混凝土,砂率通常应增大,再生骨料应减少。为了便于掌握和分析,建议采用绝对体积法计算。

(4) 试拌。根据试拌结果,判断造成拌合物性能缺陷的原因,确定调整方法。

① 坍落度偏低,原因可能是:浆体数量不够、浆体流动性不足、级配不合理、假定密度过大。调整方法为:测定密度和含气量,对配合比的重新设计进行验算,结合拌合物再生骨料分布情况,确定适宜的砂率调整和粗骨料调整方案。根据测定的坍落度和浆体流动性情况,结合浆体量的计算,估计需要增加的用水量或外加剂用量。在试拌的拌合物中,添加额外的用水,达到要求的坍落度并观察浆体的流动状态,反推单位用水量作为调整用水和外加剂掺量调整的参考。

② 浆体流逸、泌水、离析、骨料不裹浆、下沉,测定坍落度时骨料堆积、跑浆,原因可能是:外加剂掺量过大、用水量过大、细颗粒不足、级配不合理。拌合物出现浆体与骨料分离、黏聚性差的上述情况无非是浆体分散性过大,因细粉不足浆体吸附水分和保水性下降而引起,根据试拌表现,有针对性地调整。配合比的设计主要体现在根据实际材料试拌结果分析并采用适当的措施对材料各组分用量进行合理的调整,使之符合要求。

需要注意的是,再生骨料吸水率大,粒形有别于天然粗骨料,为了保证再生混凝土拌合物满足施工要求,应试验研究该批次再生混凝土配合比对混凝土工作性能的影响。

## 3.6 再生混凝土预拌技术

将用废弃建筑垃圾加工得到的再生骨料和其他骨料、水泥、水以及外加剂、矿物掺合料等组分按设定的配合比,在搅拌站经集中拌制后的混凝土拌合物称为预拌再生混凝土。预拌再生混凝土生产技术主要包括再生混凝土的集中化预拌生产、长距离运输和泵送技术等。

### 3.6.1 预拌再生混凝土生产

预拌再生混凝土的集中化预拌生产应采用经过检测合格的各项原材料、经过设计的配合比、符合标准规定的搅拌机进行拌制。各项原材料计量准确,计量设备按照规定由法定计量单位进行鉴定并定期进行校准。计量设备能对再生混凝土的各种原材料进行连续计量,并对计量结果能够逐盘进行记录和贮存。

预拌再生混凝土应搅拌均匀,搅拌的最短时间应符合下列规定:

(1) 当再生混凝土采用搅拌运输车运送时,其搅拌的最短时间应按照普通混凝土规定的最短时间适当增加。再生骨料取代率不大于30% 时,搅拌时间宜延长 25%；再生骨料取代率为 30% ～ 50% 时，搅拌时间宜延长 50%，并且每盘搅拌时间（从全部材料投完算起）不得低于 90 s。

（2）在制备再生混凝土或掺加减水剂、引气剂等外加剂时应相应增加搅拌时间。

（3）当采用翻斗车运送再生混凝土时，应适当延长搅拌时间。预拌再生混凝土在生产过程中应满足环境保护的各项要求，减少对周围环境的污染。搅拌站机房应设在封闭的空间，所有粉料的存储、运输、称量、拌制工序都应在密封状态下进行，并且有粉尘回收装置。

再生骨料料场和普通骨料料场宜采取防止扬尘的措施。搅拌站的污水应有序排放。设置专门的混凝土运输车冲洗设施，混凝土出厂前应将运输车外壁残浆清理干净。

### 3.6.2 预拌再生混凝土生产设备

预拌再生混凝土搅拌设备是将组成再生混凝土的各种原料按预定的配合比进行配料，然后按照预定的工艺进行混合和搅拌，最后产生出具有一定性能的再生混凝土的设备。混凝土搅拌站的控制核心是计算机，利用计算机控制各种原材料的自动配料、自动提升、自动搅拌、自动卸料，另外，还要进行报表打印、数据统计等辅助工作。

混凝土搅拌站的机械设备从功能上分一般由以下几部分构成：

（1）储料仓。储存水泥、再生骨料、砂石、水等物料，同时可以给配料机构提供材料。

（2）配料机构。对再生骨料、砂石等各种原材料进行计量。主要由不同的质量计量设备秤组成，还包括体积计量设备、流量计量设备等。

（3）提升机构。用来提升再生骨料、砂石等。

（4）搅拌机。将再生混凝土的各种原材料在预定条件下进行充分搅拌，最后形成再生混凝土拌合物。

（5）控制系统。利用计算机和辅助控制设备控制各个部分协调工作，完成再生混凝土预拌的生产。

### 3.6.3 再生混凝土的预拌工艺和生产流程

**1. 预拌再生混凝土搅拌基本工艺操作要点**

（1）搅拌场地。清洁卫生，排水畅通，适当进行封闭。

（2）上料系统。应防止再生骨料、砂石进入运转机构。一般再生骨料与水泥不能同一管槽上料。料斗、管槽等部位中的原材料应卸净,不得留作下次进料。

(3) 投料程序。可以采用一次投料法和多次投料法。一次投料法是将原材料依照设定的工艺次序一次投入到搅拌机中进行搅拌。为了避免水泥被水包裹而形成水泥球,一般先将水泥和各种骨料搅拌一下,使水泥分散开,再浇水搅拌,但不允许先投水泥,以免水泥粘连桶壁。多次投料搅拌再生混凝土,可分为预拌水泥浆法和预拌水泥砂浆法等。投料过程较复杂,需要专门程序来实现。

相关研究表明,在添加水泥和水之前先对再生骨料进行干拌,发现干拌再生骨料的混凝土抗压强度、抗拉强度和弹性模量比没有进行干拌的混凝土要高得多。究其原因,干拌效应发挥了较好的作用:改善了粗骨料的形状;黏附于再生骨料表面的旧砂浆脱附;脱附的旧水泥细颗粒加速了新拌水泥的水化,起到化学成核剂作用。因此,近年来在建筑垃圾循环再生工艺中增加了再生骨料强化工序,目的在于改善骨料形态、除去再生骨料表面所附着的硬化水泥石,提高普通再生骨料的品质。目前常用的再生骨料强化技术为机械强化。青岛理工大学进行的一项研究发现,通过机械强化,再生混凝土粗骨料的颗粒堆积密度平均提高了9.3%,表观密度从2.56 g/cm$^3$ 提高到2.59 g/cm$^3$,空隙率从53.3% 降至48.5%,吸水率从4.7% 降至2.9%,压碎指标值从15.8% 降至9.4%,而且堆积密度、紧密密度和针片状骨料含量等指标甚至优于天然粗骨料。

(4) 生产运行。运行中首先要控制计量精度和搅拌时间,确保预拌再生混凝土质量符合要求;其次是对设备进行检查和维护,防止设备异常和故障。

**2. 预拌再生混凝土运输前的准备**

(1) 根据再生混凝土浇灌地点,准备好车辆通行证或过路单。

(2) 根据再生混凝土方量、运输距离、路面情况等条件合理配置泵车、搅拌运输车。

(3) 车辆的配置数量应保证施工现场混凝土施工的连续进行。

(4) 运输前,应进行车辆的例行保养,严禁车辆带病运行。

(5) 装料前,装料口应保持清洁,筒体内不得有积水、积浆。

(6) 运输前,应熟悉路线及路况,确保输送交付时间满足要求。

**3. 预拌再生混凝土的运输**

(1) 预拌再生混凝土在运输时应符合《混凝土质量控制标准》(GB 50164—2011) 的有关规定。

(2) 在装料及运输过程中应保持搅拌运输车筒体低速旋转,使再生混凝土不离析、不分层,组成成分不发生变化,并能保证施工所需要的稠度。

(3) 搅拌运输车应连续正向搅拌,严禁拌筒倒转或停转,如出现故障时,及时排除或上报处理。

(4) 严禁在运输和等待卸料过程中任意加水。

(5) 预拌再生混凝土卸料前,应使料筒中高速旋转,使其拌合均匀。如混凝土拌合物分层离析,应进行二次搅拌。

(6) 当预拌再生混凝土运至浇筑地点,如发现其出现质量问题时,应及时上报,并根据现场施工管理人员意见进行处置。

(7) 运输时,应遵守交通规则,保证搅拌运输车的安全行驶。

(8) 如遇交通事故应立即上报各相关部门,并及时处理拌筒内混凝土。

(9) 如果需要在卸料前掺入外加剂,试验人员应随车到达施工现场。外加剂掺入后,应快速搅拌 3 ~ 5 min。

## 3.7 再生混凝土的泵送技术

由于再生骨料具有吸水率高、表面摩擦力大的特点,所以预拌再生混凝土可泵性要弱于普通混凝土,因此泵送再生混凝土应首先满足可泵性要求。

### 3.7.1 预拌再生混凝土的泵送要求

(1) 泵送再生混凝土对原材料的基本要求。为防止再生骨料在管内形成堵塞,再生粗骨料最大粒径与输送管径之比必须满足标准的要求。泵送再生混凝土每立方米的胶凝材料用量不宜小于 380 kg,并根据需要适当掺加泵送剂等外加剂和掺合料。

(2) 再生混凝土与管壁的摩擦阻力要小,泵送压力合适。如摩擦阻力大,输送的距离和单位时间内输送量受到限制;再生混凝土承受的压力加大,质量会发生改变。

(3) 泵送过程中再生混凝土不得有离析现象。混凝土的分层离析使再生骨料在砂浆中处于非悬浮状态,再生骨料相互接触,使其间摩擦阻力增大,当摩擦阻力超过泵送压力时,会引起泵管堵塞。

(4) 在泵送过程中(压力条件下) 再生混凝土质量不得发生明显变化。在混凝土泵送过程中(压力条件下) 存在因压力条件导致泌水和再生骨料吸水,造成混凝土水分迁移或含气量损失,使再生混凝土局部受到挤压,摩擦阻力加大，当摩擦阻力超过泵送压力时，会引起泵管堵塞。

### 3.7.2 预拌再生混凝土的泵送技术

（1）再生混凝土泵送管道应严密、不漏浆，保证输送畅通、卸料方便。

（2）再生混凝土泵送前，应用水泥浆湿润管壁。

（3）再生混凝土泵送应连续进行，不中断。如因特殊事故中断时间较长，应上报主管部门并及时清除泵管内再生混凝土，以免泵管堵塞。

（4）泵送过程中严禁随意加水。

（5）混凝土泵车应有足够的工作压力，确保再生混凝土及时输送到指定场所。

（6）泵送完毕要立即对管路进行清洗。

预拌再生混凝土的材料选择是满足生产需要的关键，包括水泥用量、外加剂和掺合料选用、再生骨料质量和表面处理、再生骨料取代率，等等。此外，预拌生产、长距离运输和泵送生产过程中的各项技术也非常重要。合理配置预拌再生混凝土，精细化施工，满足建筑工程的需求，则再生混凝土的预拌生产就能够实现并推广。

# 第4章 再生粗骨料泵送混凝土

用废弃混凝土生产再生粗骨料,将其应用于混凝土中,是混凝土循环利用的有效途径之一。随着高强、高性能混凝土的发展,将再生粗骨料应用于高强、高性能混凝土中也将逐步实现。目前,用废弃混凝土生产的再生粗骨料主要用来配制中低强度的混凝土,如果再生粗骨料能在高强泵送混凝土中得到应用,就扩大了再生粗骨料混凝土的应用范围,节省优质天然骨料资源,缓解骨料供求矛盾,更有利于生态环境保护。因此,试验开发再生粗骨料在高强泵送混凝土中的应用必将带来显著的经济效益和环保效益。

## 4.1 再生粗骨料质量要求

在混凝土工程上,砂、石与细骨料、粗骨料属于同一类。常用的粗骨料有卵石和碎石两大类。由天然岩石或卵石经破碎、筛分而得到,公称粒径大于5 mm的骨料称为粗骨料,俗称石。在自然条件作用下形成的岩石,粒径大于5 mm的颗粒称为卵石。粗骨料的颗粒形状及表面特征会影响骨料与水泥的黏结及混凝土拌合物的流动性。碎石具有棱角,表面粗糙,与水泥的黏结较好;卵石多为圆形,表面光滑,与水泥的黏结较差。在水泥用量和单方用水量相同的情况下,碎石制备的混凝土流动性较差,但强度较高,而卵石制备的混凝土流动性好,但强度较低。

再生骨料的许多性能不同于天然骨料:在轧碎的操作工艺中,形成的形状较多,棱角也较多,根据破碎机的不同,颗粒粒径的分布也不同,容量较小,可作为半轻质骨料;再生骨料上附带有水泥素浆,使再生骨料有较轻的质量,有较高的吸水率,降低了黏结力与抗磨强度;再生粗骨料中会有一定量的从原有废弃混凝土中附带的黏土颗粒、沥青、石灰、钢筋、木材、碎砖等污染物,会对再生骨料拌制的再生自密实混凝土的力学性能和耐久性带来负面影响,需要引起注意并采取有效的措施加以防范。

再生骨料颗粒形状、级配、物理力学特性对再生骨料混凝土的工作性能有很大的影响,必须进行系统全面的研究。再生骨料颗粒的形状特征可根据骨料形状特征系数来进行测定;再生骨料颗粒级配、表观密度、堆积密度、空隙率、吸水率和压碎指标均可参照《建筑用卵石、碎石》(GB/T 14685—2011)中的有关规定。

## 4.2 工作性

再生骨料经过强化处理,各方面性能均有提高,但仍然低于天然骨料。另外全部采用再生骨料会对混凝土性能有较大影响,一般对于粗骨料采用不同的取代率,细骨料则全部采用普通砂。再生粗骨料种类、再生粗骨料取代率都会影响再生粗骨料混凝土性能。

试验设计主要考虑四个条件:

①粗骨料为简单破碎再生粗骨料和颗粒整形再生粗骨料;

②再生粗骨料取代率分别为0%、40%、70%和100%;

③矿物掺合料掺量为50%;

④胶凝材料用量分别为300 kg/m³、400 kg/m³和500 kg/m³。

混凝土砂率为35%,减水剂掺量为1.2%,通过调整用水量控制坍落度在160~200 mm。具体试验研究方案见表4.1。

混凝土的工作性通常用和易性表示。和易性是指混凝土施工操作时便于振捣密实,不产生分层、离析和泌水等现象,它包括流动性、黏聚性、保水性三个指标。和易性是一项综合性能,通常是测试新拌混凝土的流动性,作为和易性的一个评价指标,辅以经验观察黏聚性和保水性。试验利用坍落度法测定混凝土拌合物的工作性,来评定胶凝材料体系和再生粗骨料取代率对混凝土流动性的影响,通过目测来检查混凝土拌合物的黏聚性和保水性。

**表4.1 具体试验研究方案**

| 水泥/(kg·m$^{-3}$) | 细骨料/(kg·m$^{-3}$) | 粗骨料/(kg·m$^{-3}$) | 再生粗骨料 | |
|---|---|---|---|---|
| | | | 取代率/% | 种类 |
| 300 | 658 | 1 222 | 0 | 天然 |
| 300 | 658 | 1 222 | 40 | 简破 |
| 300 | 658 | 1 222 | 70 | 简破 |
| 300 | 658 | 1 222 | 100 | 简破 |
| 300 | 658 | 1 222 | 40 | 整形 |
| 300 | 658 | 1 222 | 70 | 整形 |
| 300 | 658 | 1 222 | 100 | 整形 |
| 400 | 640 | 1 190 | 0 | 天然 |

续表 4.1

| 水泥/(kg·m$^{-3}$) | 细骨料/(kg·m$^{-3}$) | 粗骨料/(kg·m$^{-3}$) | 再生粗骨料 | |
|---|---|---|---|---|
| | | | 取代率/% | 种类 |
| 400 | 640 | 1 190 | 40 | 简破 |
| 400 | 640 | 1 190 | 70 | 简破 |
| 400 | 640 | 1 190 | 100 | 简破 |
| 400 | 640 | 1 190 | 40 | 整形 |
| 400 | 640 | 1 190 | 70 | 整形 |
| 400 | 640 | 1 190 | 100 | 整形 |
| 500 | 623 | 1 157 | 0 | 天然 |
| 500 | 623 | 1 157 | 40 | 简破 |
| 500 | 623 | 1 157 | 70 | 简破 |
| 500 | 623 | 1 157 | 100 | 简破 |
| 500 | 623 | 1 157 | 40 | 整形 |
| 500 | 623 | 1 157 | 70 | 整形 |
| 500 | 623 | 1 157 | 100 | 整形 |

注:简破:简单破碎制备的再生粗骨料;整形:颗粒整形制备的再生粗骨料

试验中通过控制坍落度的方法来调整用水量。不同胶凝材料用量下再生泵送混凝土用水量如图 4.1 ~4.3 所示。

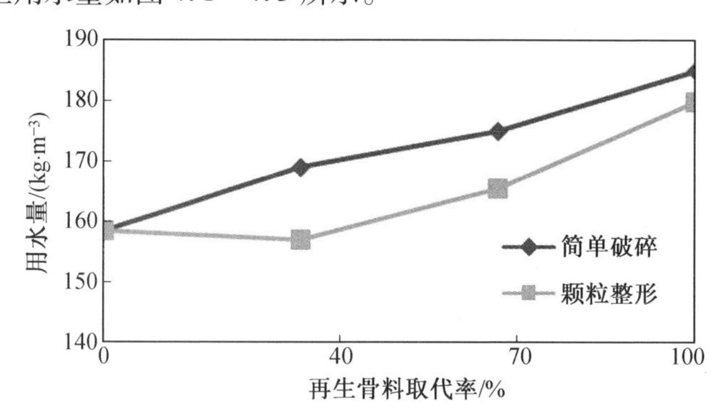


图 4.1 水泥用量为 300 kg/m$^3$ 时不同再生泵送粗骨料混凝土的用水量

随着简单破碎再生粗骨料取代量的增加,达到所需坍落度时的用水量也相应增加。主要原因是简单破碎再生粗骨料颗粒棱角多、表面粗糙、组分中含有硬化水泥砂浆,而且废弃混凝土在破碎过程中使再生粗骨料内部产生大量微裂纹,导致简单破碎再生粗骨料的空隙率大、吸水率高,因此用水量较高。但是随着胶凝材料的增加,填充骨料空隙的胶凝浆体也增加,浆体的润滑作用增大了

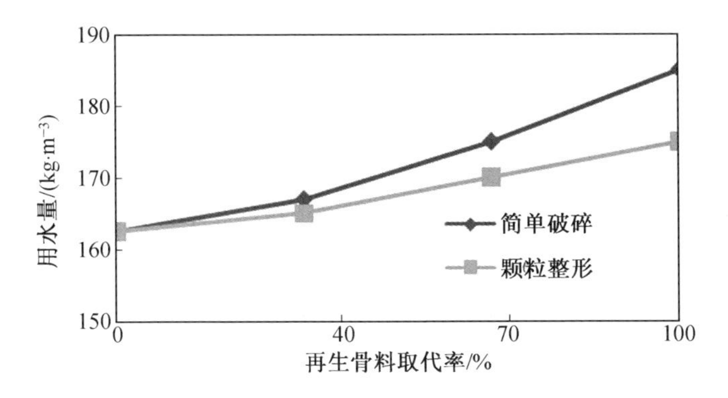


图 4.2 水泥用量为 400 kg/m³时不同再生泵送粗骨料混凝土的用水量

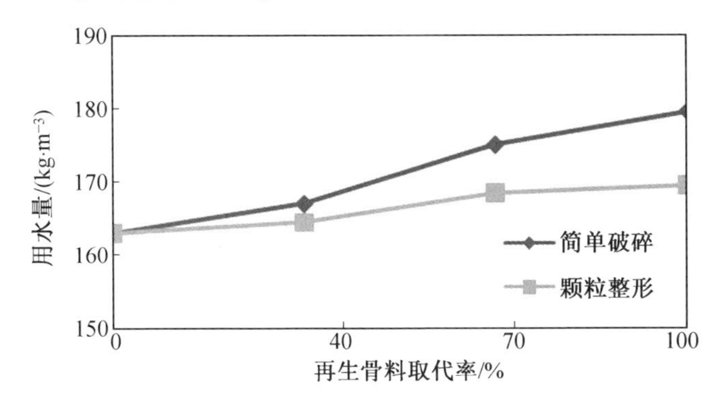


图 4.3 水泥用量为 500 kg/m³时不同再生泵送粗骨料混凝土的用水量

混凝土的流动性,从而使混凝土的流动性有所改善,达到所需坍落度的用水量减小。颗粒整形能显著改善再生粗骨料的各项性能,提高其堆积密度和密实度,降低压碎指标值,使之接近天然粗骨料,对改善再生混凝土的用水量做出了很大贡献,粗骨料越接近球形,其棱角越少,颗粒之间的空隙越小,达到同样坍落度的用水量就越小。

## 4.3 力学性能

试验通过调整用水量控制泵送混凝土坍落度为 160 ~ 200 mm,研究在不同胶凝材料用量的情况下再生粗骨料的种类、取代率和 30% 掺量的粉煤灰对再生骨料混凝土力学性能的影响。力学性能试验方法均按《普通混凝土力学性能试验方法标准》(GBT 50081—2002)进行,分别测试 3 d、28 d、56 d 的抗压强度与28 d、56 d的劈裂抗拉强度。

### 4.3.1 抗压强度

**1.简单破碎再生粗骨料取代率对抗压强度的影响**

不同水泥用量、不同取代率的简单破碎再生粗骨料混凝土与天然粗骨料混凝土的抗压强度对比如图 4.4 ~4.6 所示。

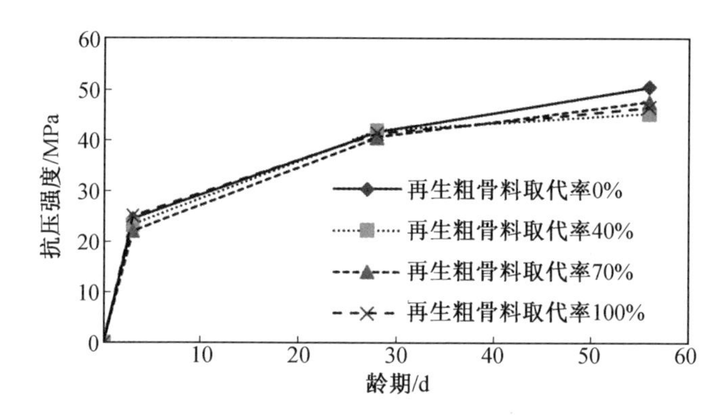


图 4.4　水泥用量为 300 kg/m³时简单破碎再生粗骨料混凝土抗压强度

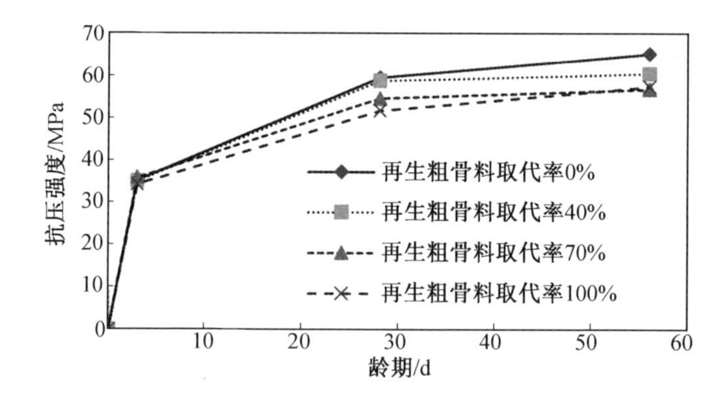


图 4.5　水泥用量为 400 kg/m³时简单破碎再生粗骨料混凝土抗压强度

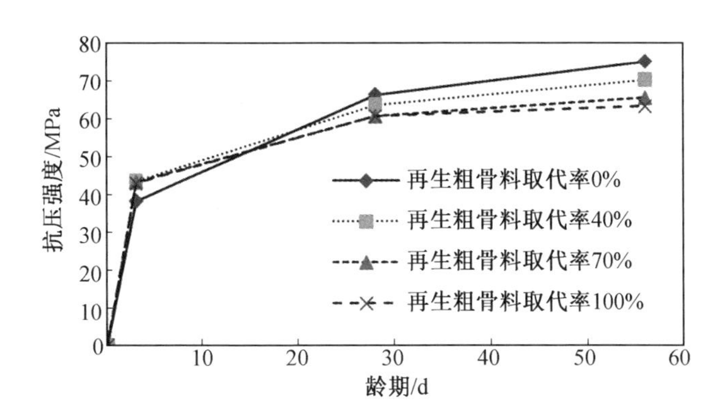


图 4.6 水泥用量为 500 kg/m³时简单破碎再生粗骨料混凝土抗压强度

由图可以看出,简单破碎再生粗骨料的取代率对再生混凝土的抗压强度影响很大。总体而言,再生混凝土的抗压强度随着再生粗骨料的增加而降低。当水泥用量为 400 kg/m³,再生粗骨料取代率为 40%、70% 和 100% 时,简单破碎再生混凝土的 3 d 抗压强度分别较天然骨料混凝土降低 0.5%、降低 1.7% 和降低 2.8% 左右;28 d 抗压强度分别较天然骨料混凝土降低 0.9%、降低 8.1% 和降低 13% 左右;56 d 抗压强度分别较天然骨料混凝土降低 7%、降低 12.8% 和降低 11.9% 左右。随着简单破碎再生粗骨料取代率的不断增加,再生混凝土的强度也随之降低。

**2. 颗粒整形再生粗骨料对抗压强度的影响**

不同水泥用量、不同取代率的简单破碎再生粗骨料混凝土与天然骨料混凝土的抗压强度对比如图 4.7 ~4.9 所示。

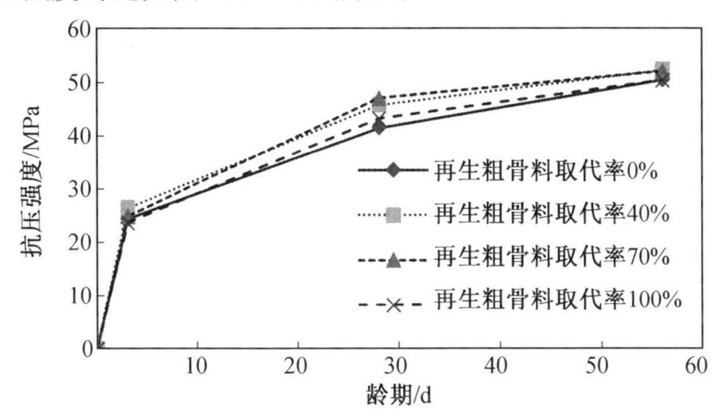


图 4.7 水泥用量为 300 kg/m³时颗粒整形再生粗骨料混凝土抗压强度

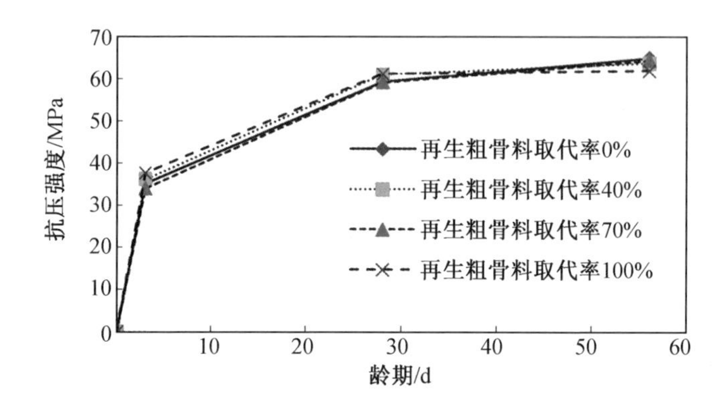


图4.8　水泥用量为400 kg/m³时颗粒整形再生粗骨料混凝土抗压强度

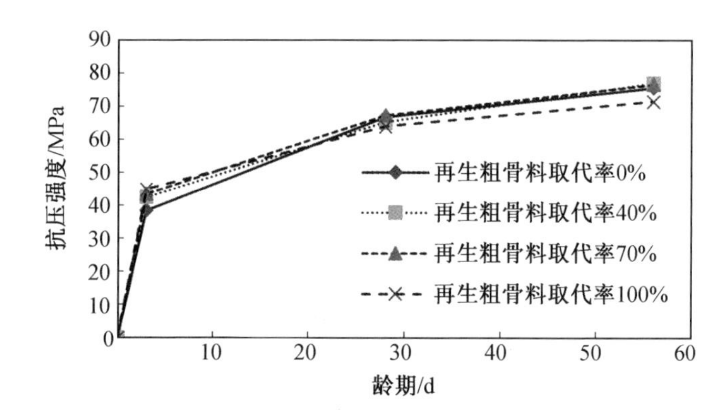


图4.9　水泥用量为500 kg/m³时颗粒整形再生粗骨料混凝土抗压强度

由图可以看出,颗粒整形再生粗骨料混凝土的强度与天然骨料混凝土相当。当水泥用量为400 kg/m³,颗粒整形再生粗骨料取代率为40%、70%和100%时,颗粒整形再生混凝土的3 d抗压强度分别较天然骨料混凝土增加2.5%、降低3.6%和增加6.8%左右;28 d抗压强度分别较天然骨料混凝土增加3.1%、降低0.1%和增加3.2%左右;56 d抗压强度分别较天然骨料混凝土降低1.7%、降低0.9%和降低4.6%左右。

### 4.3.2　劈裂抗拉强度

目前,工程上通常用劈裂抗拉试验代替轴拉试验。把符合要求的新拌混凝土成型,在标准养护室进行养护至28 d、56 d,进行劈裂抗拉强度试验。

**1.简单破碎再生粗骨料取代率对劈裂抗拉强度的影响**

不同水泥用量、不同再生粗骨料取代率的简单破碎再生粗骨料混凝土与天然粗骨料混凝土的劈裂抗拉强度对比如图 4.10 ~4.12 所示。

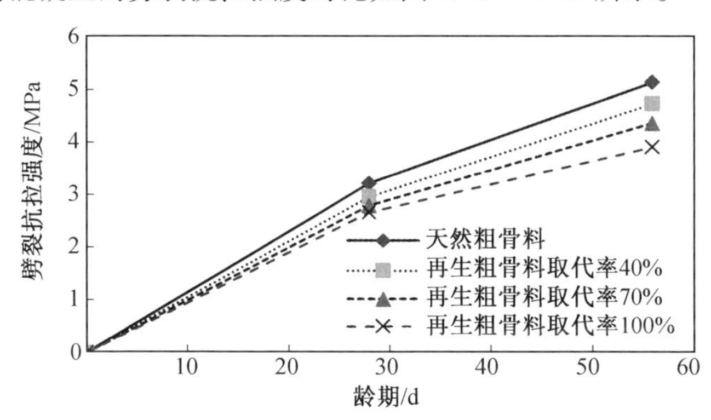


图 4.10　水泥用量为 300 kg/m³时简单破碎再生粗骨料混凝土劈裂抗拉强度

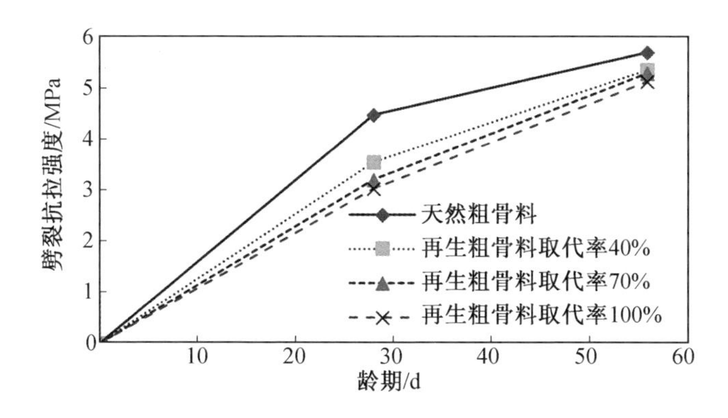


图 4.11　水泥用量为 400 kg/m³时简单破碎再生粗骨料混凝土劈裂抗拉强度

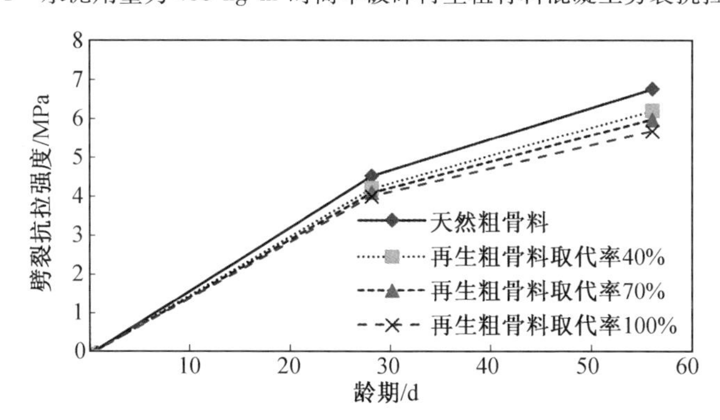


图 4.12　水泥用量为 500 kg/m³时简单破碎再生粗骨料混凝土劈裂抗拉强度

可以看出，简单破碎再生粗骨料混凝土的劈裂抗拉强度比天然粗骨料混凝土有较大幅度的降低，而且随着取代率的增加，劈裂抗拉强度下降幅度越来越大。随着单位水泥用量的增加，同样取代率的简单破碎再生粗骨料混凝土的劈裂抗拉强度有所提高，如水泥用量为 400 kg/m$^3$，再生粗骨料取代率为 40%、70% 和 100% 时，比天然粗骨料混凝土劈裂抗拉强度分别降低 21%、28% 和 32%；水泥用量为 500 kg/m$^3$，取代率为 40%、70% 和 100% 时，比天然骨料混凝土劈裂抗拉强度分别降低 7%、10% 和 12%。

**2. 颗粒整形再生粗骨料取代率对劈裂抗拉强度的影响**

不同水泥用量、不同再生粗骨料取代率的颗粒整形再生粗骨料混凝土与天然粗骨料混凝土的劈裂抗拉强度对比如图 4.13 ~4.15 所示。

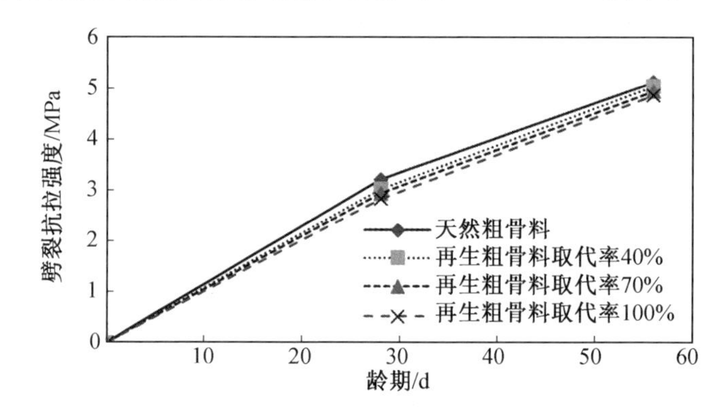


图 4.13 水泥用量为 300 kg/m$^3$时颗粒整形再生粗骨料混凝土劈裂抗拉强度

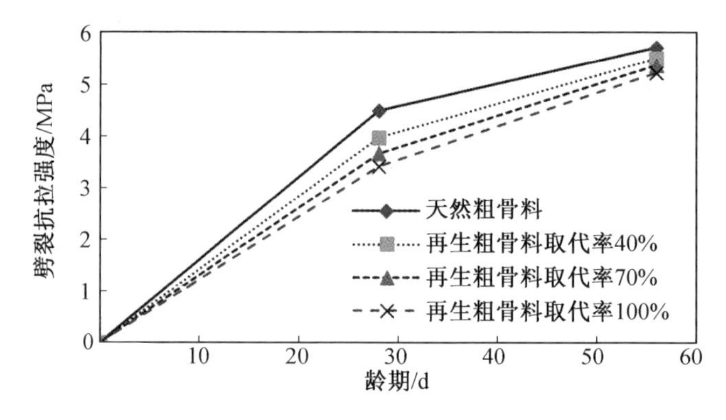


图 4.14 水泥用量为 400 kg/m$^3$时颗粒整形再生粗骨料混凝土劈裂抗拉强度

由图可以看出，颗粒整形再生粗骨料混凝土的劈裂抗拉强度比天然粗骨料混凝土也有一定幅度的降低。随着取代率的增加，劈裂抗拉强度下降幅度

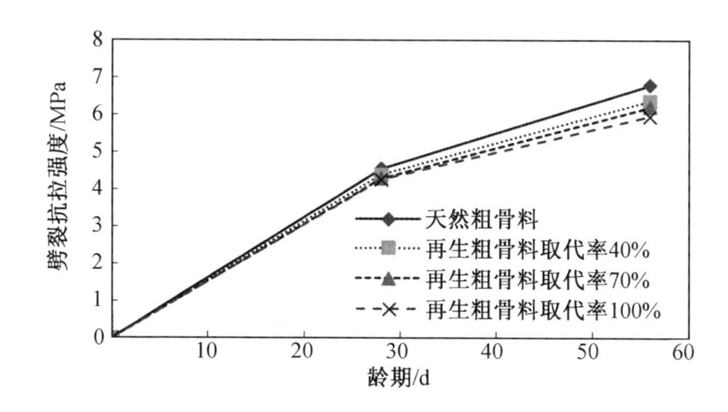


图4.15　水泥用量为500 kg/m³时颗粒整形再生粗骨料混凝土劈裂抗拉强度

越来越大，这点与简单破碎再生粗骨料的劈裂抗拉强度规律相一致，但是相同的水泥用量、相同的再生粗骨料取代率的情况下，颗粒整形再生粗骨料混凝土的劈裂抗拉强度下降要比简单破碎再生粗骨料混凝土下降幅度小得多，如取代率为40%、70%和完全取代的颗粒整形再生粗骨料混凝土的56 d劈裂抗拉强度比天然粗骨料混凝土仅低3.7%、6%和8.6%。

同简单破碎再生粗骨料混凝土的劈裂抗拉强度一样，随着水泥用量的增加，同样取代率的颗粒整形再生粗骨料混凝土的劈裂抗拉强度有所提高，如水泥用量为400 kg/m³比300 kg/m³相同取代率的28 d劈裂抗拉强度分别高11.6%、18.3%和23.9%，比简单破碎再生粗骨料的劈裂抗拉强度分别高11.3%、14.1%和12.6%，这说明颗粒整形效果是十分明显的，能显著提高再生混凝土的劈裂抗拉强度。

## 4.4　收缩性能

干燥收缩是指混凝土停止正常标准养护后，在不饱和的空气中失去内部毛细孔和胶凝孔的吸附水而发生的不可逆收缩，它不同于干湿交替引起的可逆收缩，简称干缩。干缩是混凝土的一个重要的性能指标，它关系到混凝土的强度、体积稳定性、耐久性等性能。

混凝土干燥收缩本质上是水化相的收缩，骨料及未水化胶凝材料则起到约束收缩的作用。对于一般工程环境（相对湿度大于40%），水化相孔隙失水是收缩的主要原因，因此，一定龄期下，水化相的数量及其微观孔隙结构决定了混凝土收缩的大小。再生粗骨料较高的吸水率特征，使得再生粗骨料混凝土的干缩变形较为显著,已经引起有关方面的重视。所以几乎所有研究再生骨料混凝土的国内外专家学者都无一例外地提及再生混凝土的干缩变形。

收缩性能试验按《普通混凝土长期性能和耐久性能试验方法标准》(GB/T 50082—2009)进行,制作两端预埋测头的 100 mm×100 mm×515 mm 长方体试块,在标准养护室养护 3 d 后,取出并立即移入温度保持在(20±2) ℃、相对湿度保持在 60% ±5% 的恒温恒湿室,测定其初始长度,并依次测定 1 d、3 d、7 d、14 d、28 d、45 d、60 d 的收缩变化量。

试验通过调整用水量控制混凝土坍落度为 160 ~ 200 mm,研究了不同种类再生粗骨料、不同取代率及不同水泥用量对再生粗骨料混凝土收缩性能的影响。试验所用材料与配合比同上所述。

## 4.4.1 简单破碎再生粗骨料对收缩性能的影响

简单破碎再生粗骨料在不同取代率、不同水泥用量情况下配制的混凝土分别与天然粗骨料混凝土的收缩对比如图 4.16 ~ 4.18 所示。

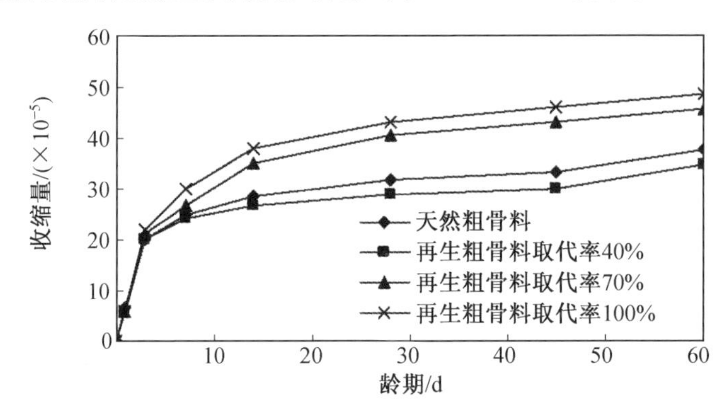


图 4.16 水泥用量为 300 kg/m³ 时简单破碎再生粗骨料混凝土收缩量

由图可知,简单破碎再生粗骨料混凝土的收缩量在水泥用量少时前期较小,而后期则相对增加;随着简单破碎再生粗骨料取代率的增加,简单破碎再生粗骨料混凝土的收缩也随之加大。当简单破碎再生粗骨料取代率为 40%、70% 和 100% 时,其配制的混凝土收缩平均值分别比天然粗骨料混凝土大 4%、24% 和 36%。

## 4.4.2 颗粒整形再生粗骨料对收缩性能的影响

颗粒整形再生粗骨料在不同取代率、不同水泥用量情况下配制的混凝土

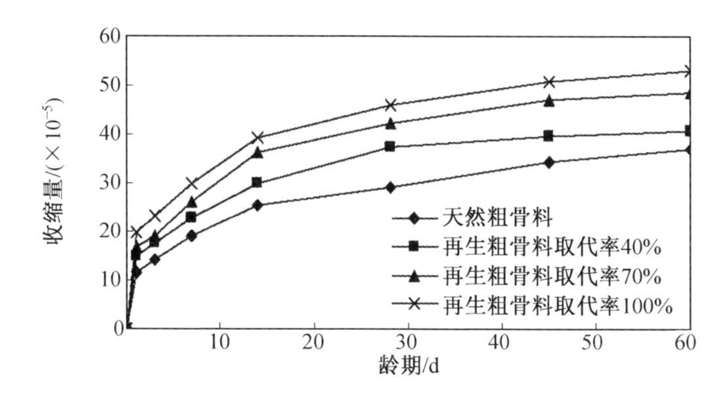


图 4.17 水泥用量为 400 kg/m$^3$时简单破碎再生粗骨料混凝土收缩量

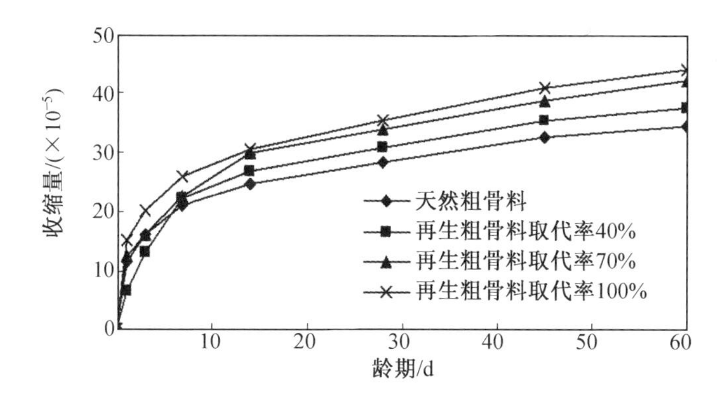


图 4.18 水泥用量为 500 kg/m$^3$时简单破碎再生粗骨料混凝土收缩量

分别与天然粗骨料混凝土的收缩对比如图 4.19 ~4.21 所示。

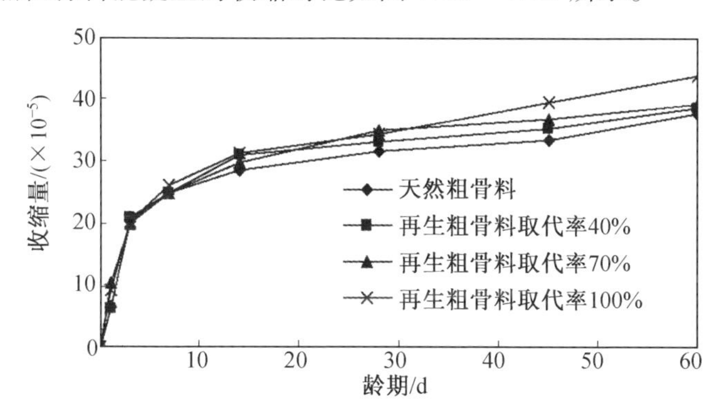


图 4.19 水泥用量为 300 kg/m$^3$时颗粒整形再生粗骨料混凝土收缩量

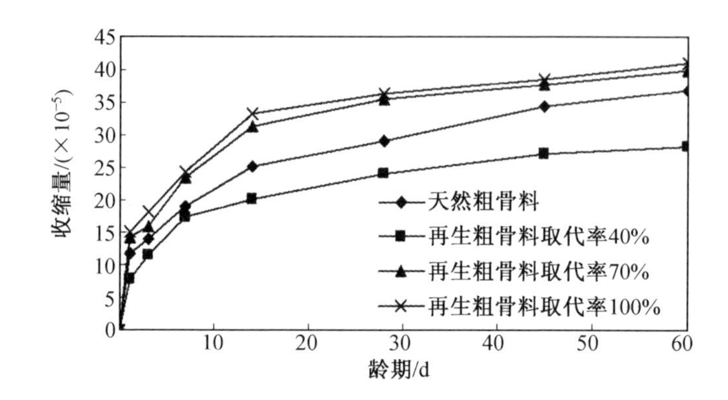


图4.20 水泥用量为400 kg/m$^3$时颗粒整形再生粗骨料混凝土收缩量

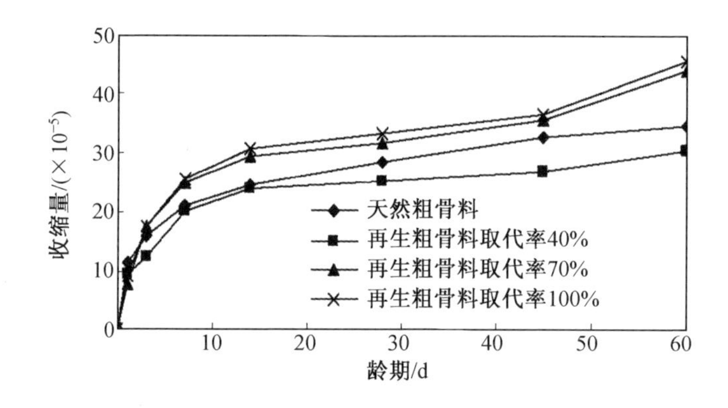


图4.21 水泥用量为500 kg/m$^3$时颗粒整形再生粗骨料混凝土收缩量

同简单破碎粗骨料再生混凝土收缩规律一样,随着颗粒整形再生粗骨料的取代率的增加,颗粒整形再生粗骨料混凝土的收缩量也随之加大,但是增加的幅度较简单破碎再生混凝土小。当水泥用量为400 kg/m$^3$,颗粒整形再生粗骨料取代率为40%时,其收缩量反而比天然粗骨料混凝土减少9%,当颗粒整形再生粗骨料取代率为70%和100%时,其配制的混凝土收缩平均值分别比天然粗骨料混凝土大15%和19%,但是与简单破碎再生混凝土相比分别降低了9%和17%。

综上可知,由于简单破碎再生粗骨料的吸水率较大,在拌制混凝土时需加入较多的拌合水,因此简单破碎再生粗骨料混凝土的早期收缩应变较小,后期增长较快;另外,由于简单破碎再生粗骨料的弹性模量大大低于天然粗骨料,这也会使简单破碎再生粗骨料混凝土的收缩量大大高于天然粗骨料混凝土。

再生粗骨料的取代率对再生混凝土的收缩也有较大影响，当再生粗骨料的相对量比较少时，对收缩起主要控制作用的还是天然粗骨料，当取代率增加，对收缩起主要控制的是再生粗骨料，由于简单破碎再生粗骨料自身的劣化性和级配导致收缩加大。通过颗粒整形去除了再生粗骨料的棱角和附着的多余的水泥砂浆，使其粒形接近球形，而且级配更加合理并且用水量也相对较少，故收缩量也相应减少。以上数据说明，通过控制再生混凝土粗骨料的种类和取代率，并掺入活性矿物掺合料来降低再生混凝土收缩量是可行的。

## 4.5 再生粗骨料泵送混凝土的耐久性

试验通过调整用水量控制混凝土坍落度为 160 ~ 200 mm，研究在不同胶凝材料用量的情况下再生粗骨料的种类、取代率和 30% 掺量的粉煤灰对再生骨料混凝土耐久性的影响。

### 4.5.1 碳化性能

碳化试验按《普通混凝土长期性能和耐久性能试验方法标准》(GB/T 50082—2009)中碳化试验的试验方法进行，在碳化箱中调整 $CO_2$ 的体积分数在 17% ~ 23%，湿度在 65% ~ 75%，温度控制在 15 ~ 25 ℃。试验通过调整用水量控制混凝土坍落度在 160 ~ 200 mm，研究了简单破碎再生粗骨料、颗粒整形再生粗骨料以及粉煤灰掺量对再生骨料混凝土碳化性能的影响。试验所用材料与配合比同上所述。

很多学者基于 Fick 第一扩散定律建立了混凝土碳化的数学模型，其中得到公认的一般形式为

$$X(t)=\alpha\sqrt{t} \tag{4.1}$$

式中，$X(t)$ 为碳化深度，mm；$\alpha$ 为碳化速率系数；$t$ 为碳化时间，d。

式(4.1)表明，混凝土的碳化深度和碳化时间的平方根成正比，这一公式已被大量的室内试验和工程现场调查所证实。本书也用此公式绘制碳化速度(速率)，用来更清晰地描述碳化深度与碳化时间的关系。

**1. 简单破碎再生粗骨料对混凝土碳化性能的影响**

简单破碎再生粗骨料在不同的取代率、不同水泥用量情况下配制的混凝土分别与天然粗骨料混凝土的抗碳化性能对比如图 4.22 ~ 4.27 所示。

由图可知，简单破碎再生粗骨料混凝土在任何取代率情况下的碳化深度

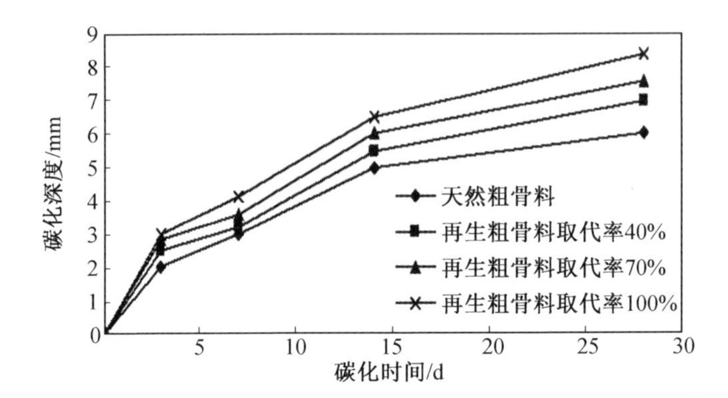


图4.22 水泥用量为300 kg/m$^3$时简单破碎再生粗骨料混凝土的碳化深度

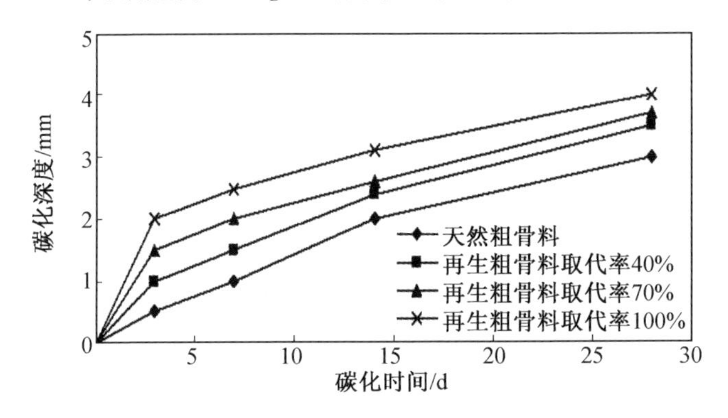


图4.23 水泥用量为400 kg/m$^3$时简单破碎再生粗骨料混凝土的碳化深度

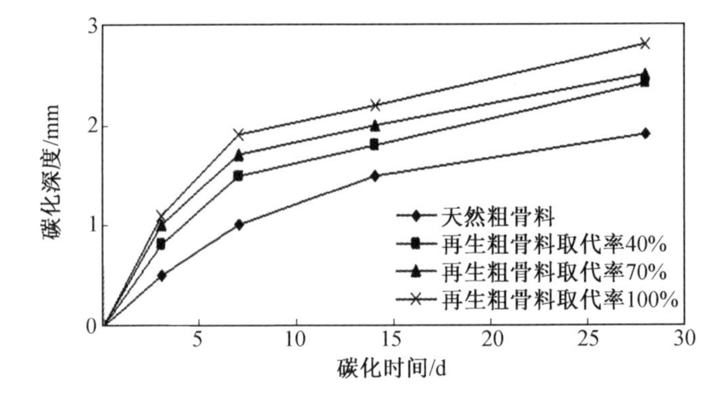


图4.24 水泥用量为500 kg/m$^3$时简单破碎再生粗骨料混凝土的碳化深度

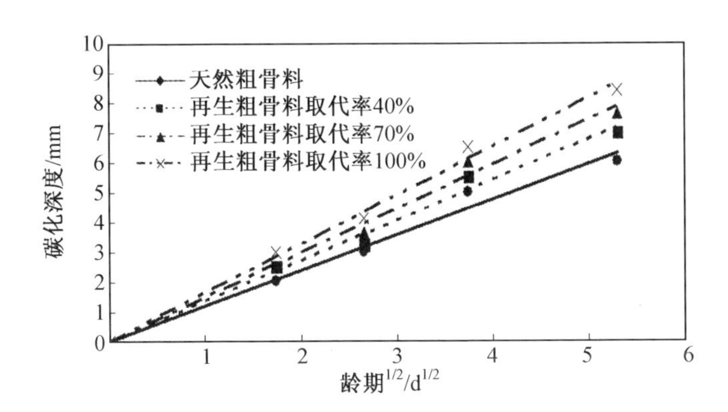


图 4.25　水泥用量为 300 kg/m$^3$ 时简单破碎再生粗骨料混凝土的碳化速度

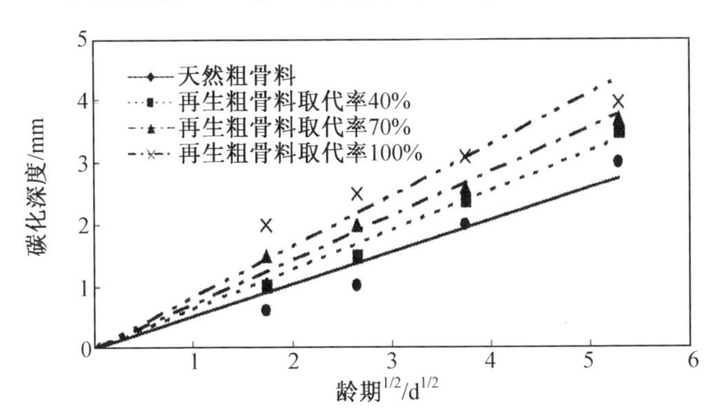


图 4.26　水泥用量为 400 kg/m$^3$ 时简单破碎再生粗骨料混凝土的碳化速度

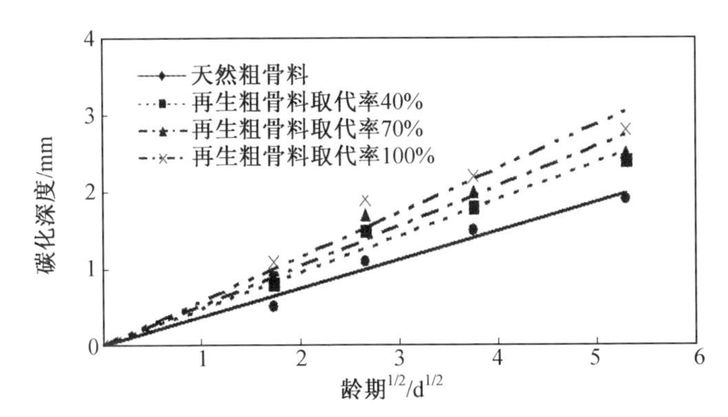


图 4.27　水泥用量为 500 kg/m$^3$ 时简单破碎再生粗骨料混凝土的碳化速度

都高于天然粗骨料混凝土，而且随着取代率的增加，其碳化深度不断增加；碳化速度也反映出同样问题。由此可见在同样水泥用量的情况下，混凝土中粗骨料的种类和相对量是影响碳化性能的主要因素。如在水泥用量为 300 kg/m³情况下，简单破碎再生粗骨料取代率为 40%、70%和 100%时，其 28 d 碳化深度分别比天然粗骨料混凝土大 1.0 mm、1.6 mm 和 2.4 mm。

同样取代率时，随着单位水泥用量的增加，其碳化深度减少。如在水泥用量为 500 kg/m³时，简单破碎再生粗骨料取代率为 40%、70%和 100%时，其 28 d 碳化深度分别比天然粗骨料混凝土大 0.5 mm、0.6 mm 和 0.9 mm，比水泥用量为300 kg/m³时减小 0.5 mm、1 mm 和 1.5 mm。

**2. 颗粒整形再生粗骨料对混凝土碳化性能的影响**

颗粒整形再生粗骨料在不同取代率、不同水泥用量情况下配制的混凝土分别与天然粗骨料混凝土的抗碳化性能对比如图 4.28 ~4.33 所示。

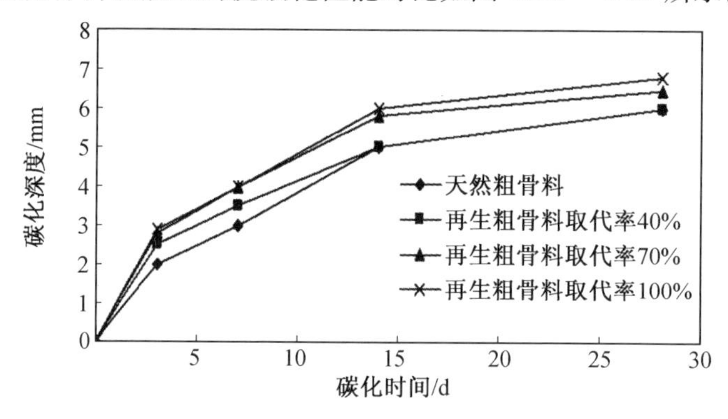


图 4.28　水泥用量为 300 kg/m³时颗粒整形再生粗骨料混凝土的碳化深度

当水泥用量为 300 kg/m³时，随着颗粒整形再生粗骨料取代率的增加，其抗碳化能力有一定下降。颗粒整形再生粗骨料完全取代时的碳化深度仅比天然粗骨料混凝土增加 0.8 mm，小于简单破碎再生粗骨料混凝土的碳化深度。当水泥用量大于 300 kg/m³时，颗粒整形再生粗骨料全取代时 28 d 的碳化深度小于天然粗骨料混凝土的碳化深度，说明颗粒整形能显著改善再生混凝土的抗碳化能力。

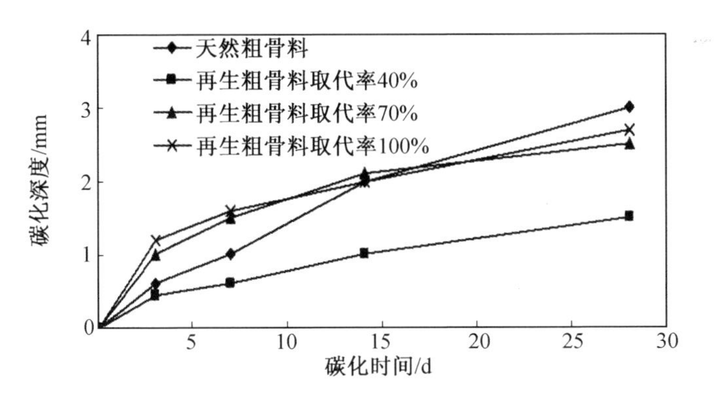


图 4.29　水泥用量为 400 $kg/m^3$ 时颗粒整形再生粗骨料混凝土的碳化深度

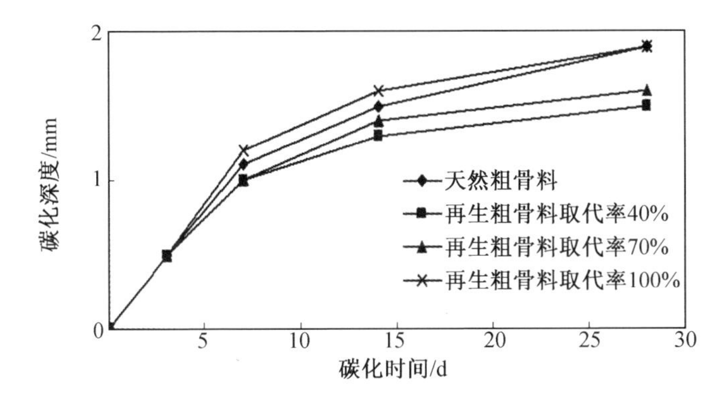


图 4.30　水泥用量为 500 $kg/m^3$ 时颗粒整形再生粗骨料混凝土的碳化深度

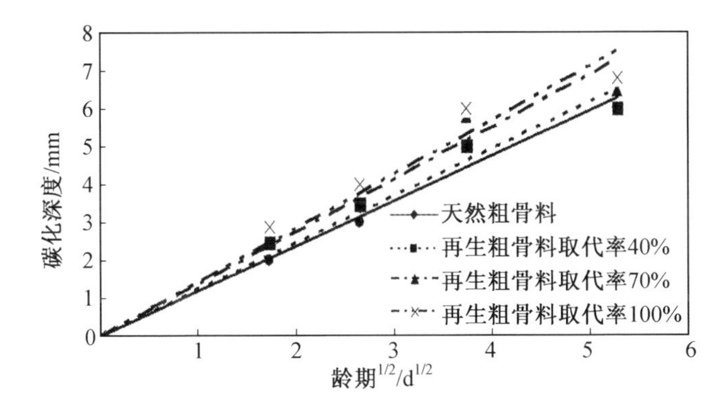


图 4.31　水泥用量为 300 $kg/m^3$ 时颗粒整形再生粗骨料混凝土的碳化速度

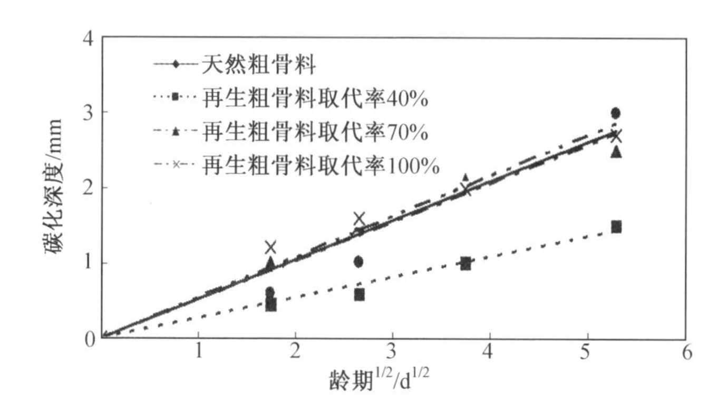


图 4.32 水泥用量为 400 kg/m$^3$时颗粒整形再生粗骨料混凝土的碳化速度

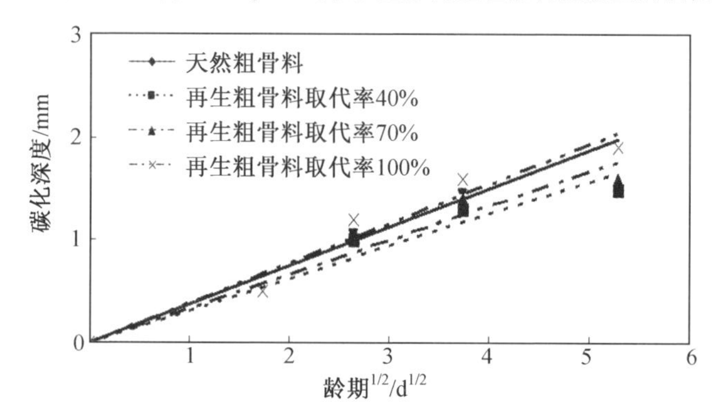


图 4.33 水泥用量为 500 kg/m$^3$时颗粒整形再生粗骨料混凝土的碳化速度

## 4.5.2 抗冻性能

### 1. 再生混凝土的冻融破坏试验方案

再生混凝土是由硬化的水泥浆体和再生骨料组成的含毛细孔的复合材料,再生骨料需水量一般高于天然骨料,为了获得浇筑混凝土所必需的和易性,其拌合水量多于普通混凝土的水量。多余的水滞留在混凝土中,形成占有一定体积的连通毛细孔。常温下硬化混凝土是由未水化的水泥、水泥水化产物、骨料、水、空气共同组成的气-液-固三相平衡体系,当混凝土处于负温时,其内部孔隙中的水分将发生从液相到固相的转变。连通毛细孔是导致混凝土受冻害的主要因素。

抗冻试验按《普通混凝土长期性能和耐久性能试验方法标准》(GB/T 50082—2009)中抗冻性能试验中的快冻法进行,制作 100 mm×

100 mm×400 mm的长方体试块，养护 28 d，在放入冻融试验箱之前先放入水中养护4 d，水养过后，擦干试块，测试块质量和横向基频的初始值。以后前200 个循环，每25 个循环测一次试块质量和横向基频，后100 个循环，每50 个循环测一次试块质量和横向基频。

冻融试验过程中遵循规范规定的三点要求：

①试验进行到 300 个冻融循环就停止试验；

②试块的相对动弹性模量下降到 60% 以下就停止试验；

③试块质量损失率达 5% 以上就停止试验。

**2. 简单破碎再生粗骨料混凝土的抗冻性能**

不同粗骨料取代率、不同水泥用量的简单破碎再生粗骨料混凝土与天然粗骨料混凝土的抗冻性如图 4.34 ~4.39 所示。

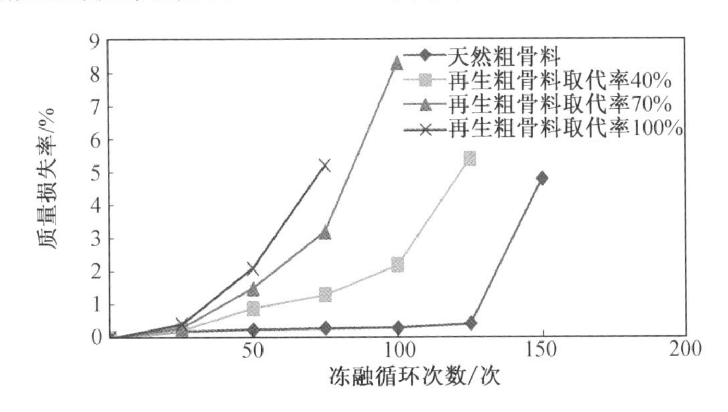


图 4.34 水泥用量为 300 kg/m$^3$时简单破碎再生粗骨料混凝土质量损失率

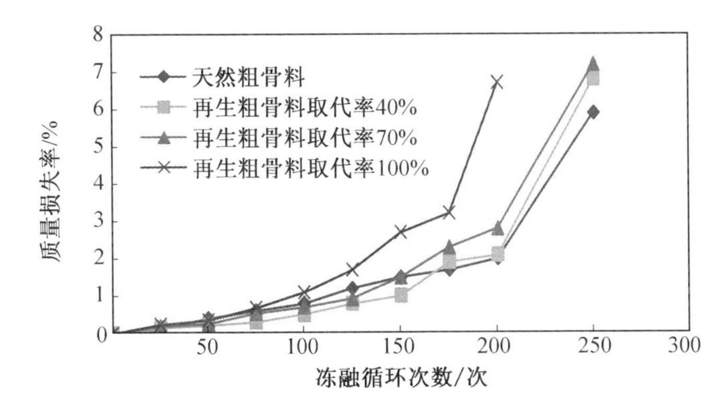


图 4.35 水泥用量为 400 kg/m$^3$时简单破碎再生粗骨料混凝土质量损失率

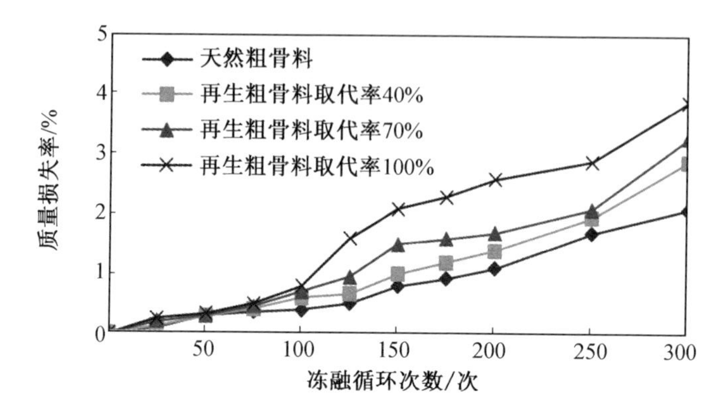


图4.36　水泥用量为500 kg/m³时简单破碎再生粗骨料混凝土质量损失率

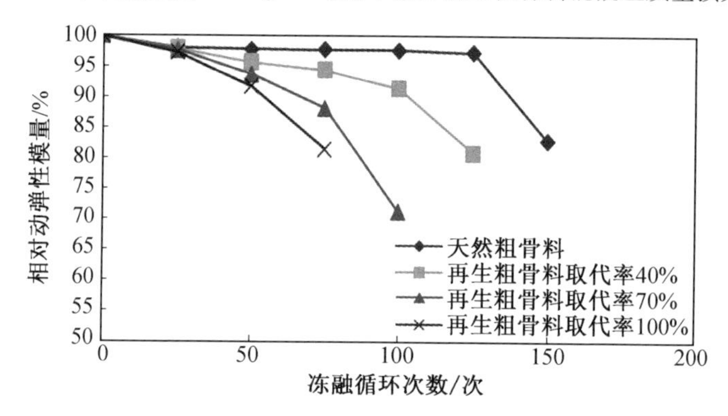


图4.37　水泥用量为300 kg/m³时简单破碎再生粗骨料混凝土相对动弹性模量

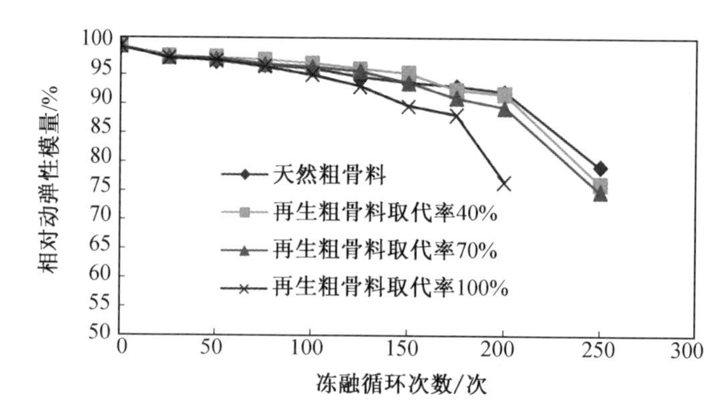


图4.38　水泥用量为400 kg/m³时简单破碎再生粗骨料混凝土相对动弹性模量

由图可知，随着取代率的增加，简单破碎再生粗骨料混凝土的抗冻性能下降，全取代时的抗冻性能最差；当单位水泥用量增加时，其抗冻性有所提高，但

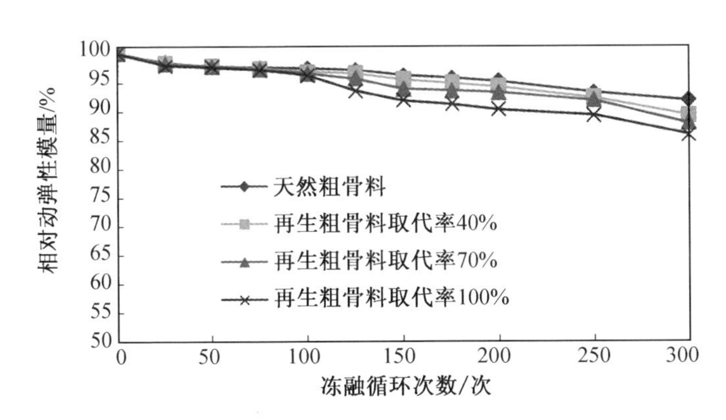


图 4.39 水泥用量为 500 kg/m³时简单破碎再生粗骨料混凝土相对动弹性模量

仍低于天然粗骨料混凝土。

### 3. 颗粒整形再生粗骨料混凝土的抗冻性能

不同粗骨料取代率、不同水泥用量的颗粒整形再生粗骨料混凝土与天然粗骨料混凝土的抗冻性如图 4.40 ~4.45 所示。

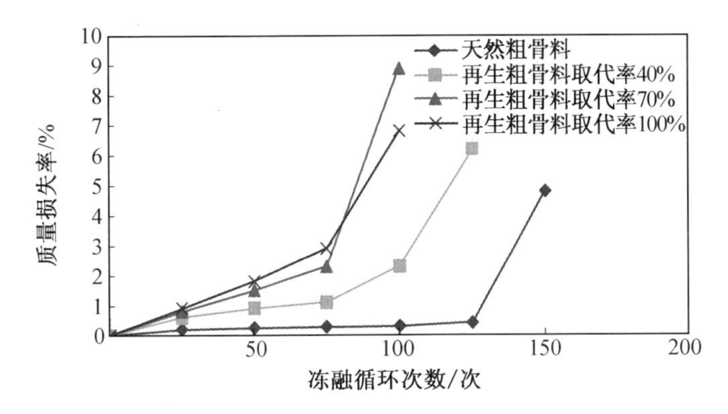


图 4.40 水泥用量为 300 kg/m³时颗粒整形再生粗骨料混凝土质量损失率

由图可知，颗粒整形再生粗骨料全取代时，混凝土的质量损失率比天然粗骨料混凝土大，但取代率为 40%、70% 时的质量损失率已与天然粗骨料接近。当胶凝材料用量较高时，相同取代率的颗粒整形再生粗骨料混凝土抗冻性明显优于简单破碎再生粗骨料混凝土。

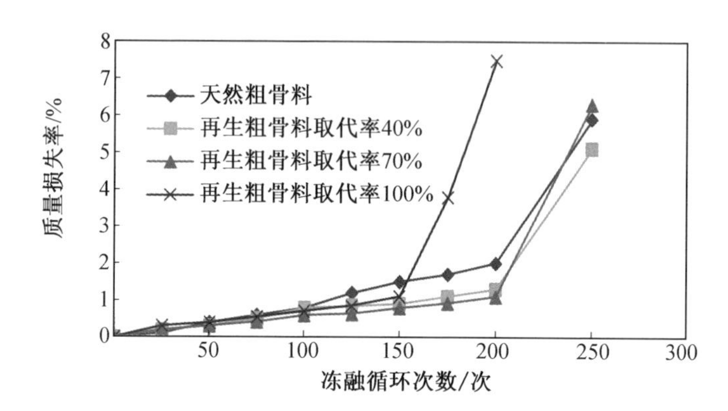


图4.41 水泥用量为400 kg/m³时颗粒整形再生粗骨料混凝土质量损失率

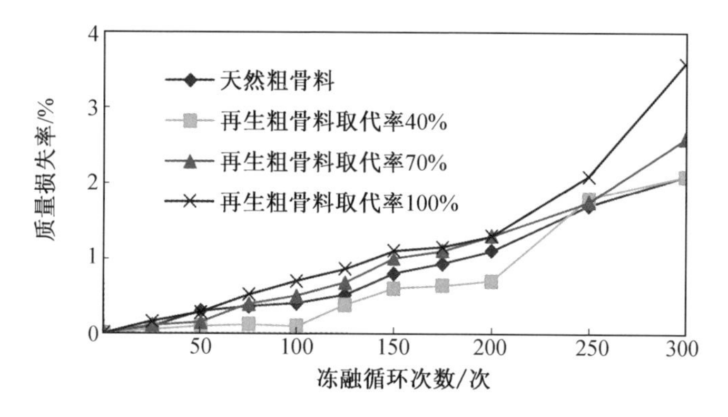


图4.42 水泥用量为500 kg/m³时颗粒整形再生粗骨料混凝土质量损失率

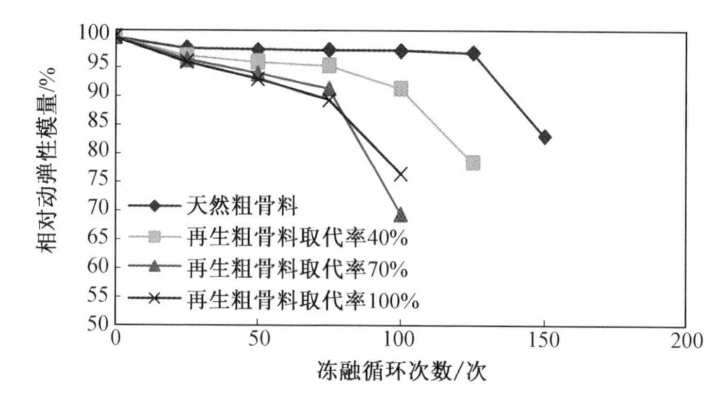


图4.43 水泥用量为300 kg/m³时颗粒整形再生粗骨料混凝土相对动弹性模量

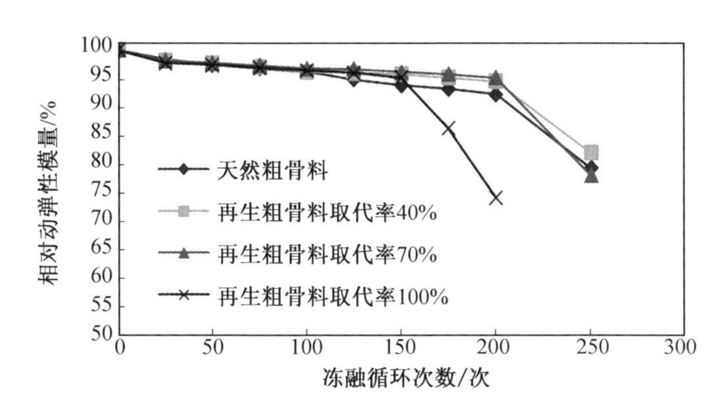


图 4.44 水泥用量为 400 kg/m³ 时颗粒整形再生粗骨料混凝土相对动弹性模量

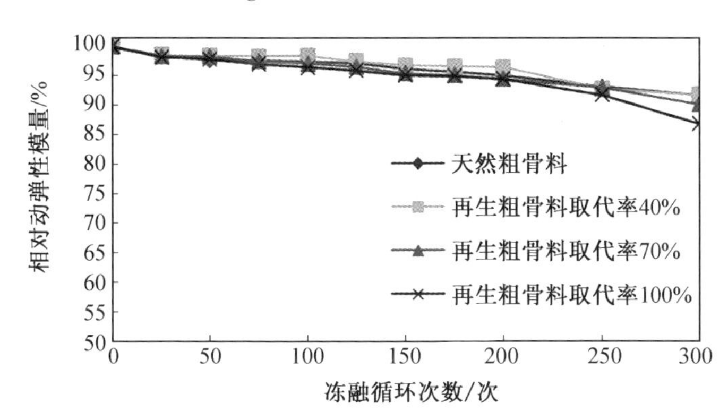


图 4.45 水泥用量为 500 kg/m³ 时颗粒整形再生粗骨料混凝土相对动弹性模量

### 4.5.3 抗氯离子渗透性能

RCM 法是目前被欧洲国家广泛采用的测定抗氯离子渗透性能的方法，通过给混凝土施加一外加电场加速氯离子在混凝土中的迁移速度，测定一定时间内氯离子在混凝土中的渗透深度，再结合 Nernst-Plank 方程计算出氯离子在混凝土中的扩散系数。

**1. 简单破碎再生粗骨料混凝土抗氯离子渗透性能**

由图 4.46 可知，随着简单破碎再生粗骨料取代率的增加，混凝土的氯离子扩散系数也随之增加。随着混凝土中单位水泥用量增加，氯离子扩散系数逐渐变小。由于简单破碎再生粗骨料在使用期间被破坏，或者在解体破碎过程中也可能存在损伤积累，因此再生骨料内部存在大量的微裂纹，并且骨料与水泥浆体之间的结合也不牢固，这些裂缝形成了氯离子渗透通道。当单位水

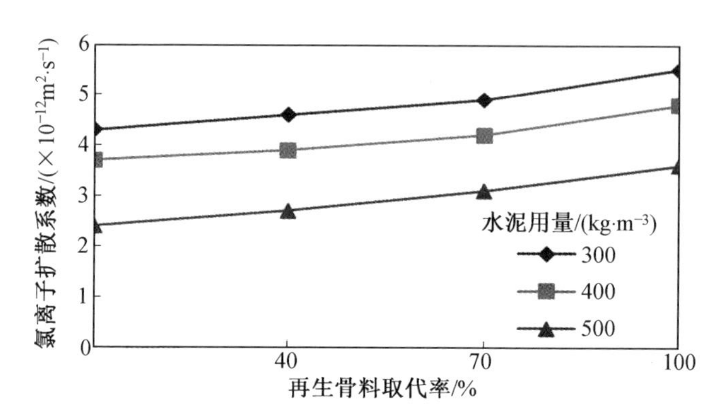


图 4.46 简单破碎再生粗骨料混凝土氯离子扩散系数

泥用量增加时,多余的水泥浆体使混凝土更加密实,简单破碎再生粗骨料被水泥砂浆包裹,改善了简单破碎再生粗骨料的性能,使氯离子扩散系数有所降低。

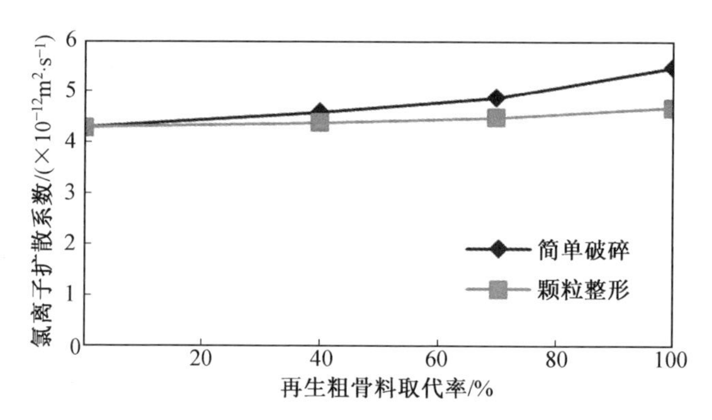


图 4.47 水泥用量为 300 kg/m$^3$ 时再生粗骨料混凝土氯离子扩散系数

**2. 颗粒整形再生粗骨料混凝土抗氯离子渗透性能**

由图 4.47 ~ 4.49 可知,与简单破碎再生粗骨料混凝土相比,颗粒整形再生粗骨料混凝土的氯离子扩散系数有所降低,当再生粗骨料完全取代时降低更多。这是因为简单破碎粗骨料经过颗粒整形后,去除了骨料表面附着的多余的水泥砂浆,使骨料的微裂纹减少,从而减少了氯离子渗透的通道,经过颗粒整形之后,再生粗骨料的级配更加合理,混凝土更加密实,致使颗粒整形再生粗骨料混凝土氯离子扩散系数较小。

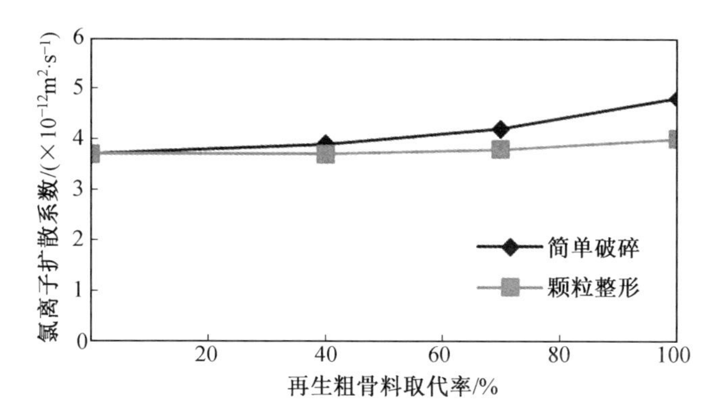


图 4.48 水泥用量为 400 kg/m³ 时再生粗骨料混凝土氯离子扩散系数

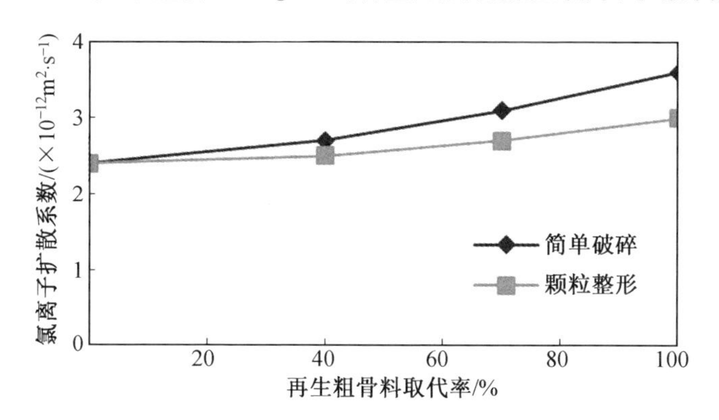


图 4.49 水泥用量为 500 kg/m³ 时再生粗骨料混凝土氯离子扩散系数

# 第5章 再生细骨料泵送混凝土

再生细骨料混凝土是指以再生细骨料部分或全部取代天然细骨料的混凝土。再生骨料经过处理,各方面性能均有提高,但仍低于天然骨料。另外全部采用再生骨料会对混凝土性能有较大影响,通常的细骨料再生混凝土是对细骨料采用不同的取代率,粗骨料则全部采用天然粗骨料。由于再生细骨料混凝土的影响因素多,质量波动大,影响再生细骨料泵送混凝土的主要因素可以归纳为以下几方面:①再生细骨料种类;②再生细骨料取代率;③矿物掺合料掺量;④胶凝材料用量。

## 5.1 泵送混凝土用再生细骨料质量要求

通过再生混凝土骨料级配对混凝土强度和工作性能影响的试验研究发现,采用再生骨料的自然级配制备的混凝土工作性能差,受压强度低。按《混凝土泵送施工技术规程》(JGJ/T 10—2011)要求的骨料级配制备再生混凝土,混凝土工作性能差,受压强度比较低。用于泵送混凝土的再生细骨料质量有以下特点:

(1)再生细骨料混凝土的抗压强度比天然细骨料混凝土低,这与其用水量多、水灰比高有关。经过整形处理后的细骨料,其混凝土强度与天然砂配制混凝土的抗压强度相差幅度明显降低。当然,调整再生骨料替代率、粒径范围,也可以使其级配接近,再生混凝土强度可以高于天然骨料的混凝土强度。

(2)当粗骨料均为天然骨料时,将细骨料分别为河砂和整形细骨料的混凝土进行比较,因为整形细骨料吸收水分后降低了实际水胶比,减小了收缩量;当粗骨料均为简单破碎粗骨料时,因为简单破碎再生细骨料混凝土的需水量大,而且简单破碎再生细骨料的模量与河砂差距较大,简单破碎的收缩略大。

(3)当粗骨料均为天然骨料时,将细骨料分别为河砂和整形细骨料的混凝土进行比较,简单破碎的再生细骨料混凝土的抗碳化性能比天然骨料的抗碳化性能差。但是将细骨料分别为河砂和再次整形细骨料的混凝土进行比较,再次整形细骨料混凝土的抗碳化性能与河砂混凝土抗碳化性能基本相同。

(4)当粗骨料均为天然骨料时,将细骨料分别为河砂和整形细骨料的混凝土进行比较,整形细骨料混凝土的抗冻性能与河砂混凝土的抗冻性能相差不大;当粗骨料均为简单破碎粗骨料时,将细骨料分别为河砂和简单破碎细骨料的混凝土进行比较,简单破碎混凝土的抗冻性能显著低于河砂混凝土;当粗骨料均为整形粗骨料时,将细骨料分别为河砂和整形细骨料的混凝土进行比较,整形细骨料混凝土的抗冻性能比河砂混凝土抗冻性能略低。

(5)简单破碎再生细骨料混凝土的抗渗性比天然细骨料混凝土差,简单破碎细骨料经过整形处理后,抗渗性得到明显提高。

## 5.2 再生细骨料泵送混凝土性能

再生细骨料泵送混凝土是指以再生细骨料部分或全部取代天然细骨料的混凝土。再生骨料经过处理,各方面性能均有提高,但仍低于天然骨料。全部采用再生骨料会对混凝土性能有较大影响,因此,一般配制泵送混凝土对于细骨料采用不同的取代率,粗骨料则全部采用天然粗骨料。再生细骨料混凝土的影响因素多,质量波动大,例如再生细骨料以及掺合料种类和掺量对泵送混凝土工作性(保证可泵性的用水量变化)、力学性能、收缩等泵送混凝土的性能均有影响。本节针对这些方面进行探讨。

### 5.2.1 工作性

**1. 试验原料**

水泥为P·O 42.5普通硅酸盐水泥;天然砂为符合JGJ 52—2006要求的细度模数为2.8的中砂;再生细骨料为质量较好的颗粒整形再生细骨料,性能见表5.1;粗骨料为符合JGJ 52—2006要求的5~25 mm连续级配天然粗骨料;外加剂为高效聚羧酸减水剂,掺量为1.2%~1.4%时,减水率为30%。

**表5.1 再生细骨料的性能**

| 砂的种类 | 颗粒整形再生细骨料 | 天然砂 |
|---|---|---|
| 堆积密度/($kg \cdot m^{-3}$) | 1 372 | 1 454 |
| 表观密度/($kg \cdot m^{-3}$) | 2 459 | 2 597 |
| 空隙率/% | 44 | 40 |
| 吸水率/% | 8.5 | 0.8 |
| 坚固性/% | 9.2 | 8.6 |
| 泥块含量/% | 4.8 | 1.4 |
| 泥含量/% | 1.2 | 0.95 |
| 细度模数 | 2.9 | 2.8 |
| 有机物含量 | 满足要求 | 满足要求 |

**2. 试验方案**

试验中砂率为35%,减水剂掺量为胶凝材料用量的1.2%,为确保可泵性,通过调整用水量控制坍落度在160~200 mm。试验测试再生细骨料取代率对再生细骨料混凝土用水量的影响。试验配合比见表5.2。

表5.2 再生细骨料混凝土的配合比

| 编号 | 水泥/(kg·m$^{-3}$) | 碎石/(kg·m$^{-3}$) | 细骨料/(kg·m$^{-3}$) | 减水剂/(kg·m$^{-3}$) | 细骨料 | |
|---|---|---|---|---|---|---|
| | | | | | 种类 | 取代率/% |
| A0 | 300 | 1 222 | 658 | 3.6 | 天然砂 | — |
| A1 | 300 | 1 222 | 658 | 3.6 | 整形再生砂 | 40 |
| A2 | 300 | 1 222 | 658 | 3.6 | 整形再生砂 | 70 |
| A3 | 300 | 1 222 | 658 | 3.6 | 整形再生砂 | 100 |
| B0 | 400 | 1 190 | 640 | 4.8 | 天然砂 | — |
| B1 | 400 | 1 190 | 640 | 4.8 | 整形再生砂 | 40 |
| B2 | 400 | 1 190 | 640 | 4.8 | 整形再生砂 | 70 |
| B3 | 400 | 1 190 | 640 | 4.8 | 整形再生砂 | 100 |
| C0 | 500 | 1 157 | 623 | 6 | 天然砂 | — |
| C1 | 500 | 1 157 | 623 | 6 | 整形再生砂 | 40 |
| C2 | 500 | 1 157 | 623 | 6 | 整形再生砂 | 70 |
| C3 | 500 | 1 157 | 623 | 6 | 整形再生砂 | 100 |

**3. 再生细骨料对用水量影响**

由图5.1可知,简单破碎再生细骨料混凝土的用水量随再生细骨料取代率的增加而增加,这是因为简单破碎再生细骨料颗粒棱角多,内部有大量微裂纹,粉体含量高,吸水率大(约为15%)。颗粒整形再生细骨料混凝土的用水量随再生细骨料取代率的增加而减少。这是因为颗粒整形再生细骨料在制备过程中打磨掉了部分水泥石,吸水率小,而且其棱角圆滑,粒形较好,级配较为合理,使得颗粒整形再生细骨料混凝土的用水量小,工作性良好。

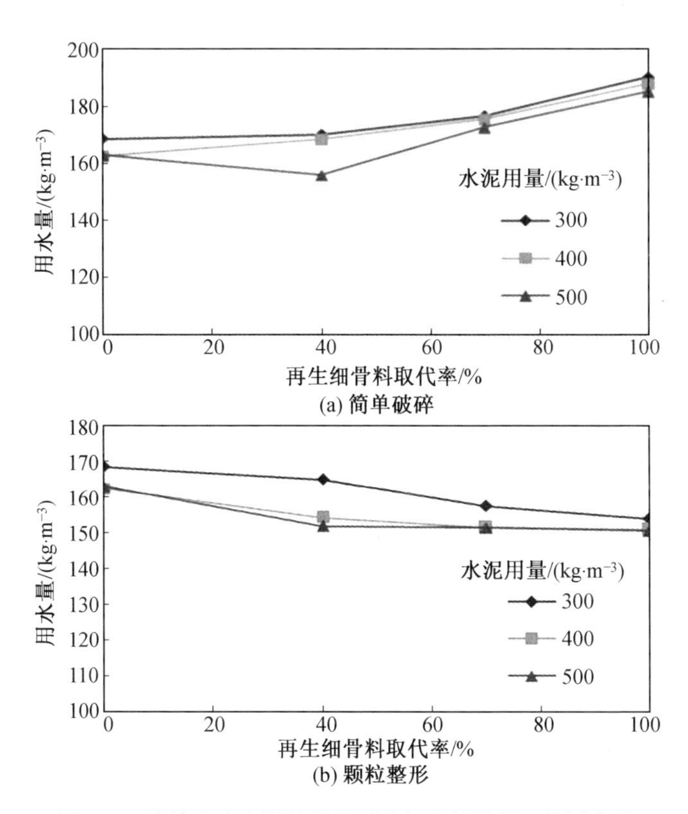


图 5.1 简单破碎和颗粒整形再生细骨料混凝土的用水量

### 5.2.2 抗压强度

由图 5.2 ~5.4 可以看出简单破碎再生细骨料混凝土的抗压强度随着细骨料取代率的增加而降低。这是因为简单破碎再生细骨料颗粒棱角多,表面粗糙,组分中含有大量的硬化水泥石,在破碎过程中,骨料内部形成了大量微裂纹,用水量较多。而颗粒整形再生细骨料混凝土的抗压强度随着细骨料取代率的增加而增加。这是因为颗粒整形再生细骨料在整形过程中去除了较为突出的棱角和黏附在表面的硬化水泥砂浆,使颗粒趋于球形,用水量减少。

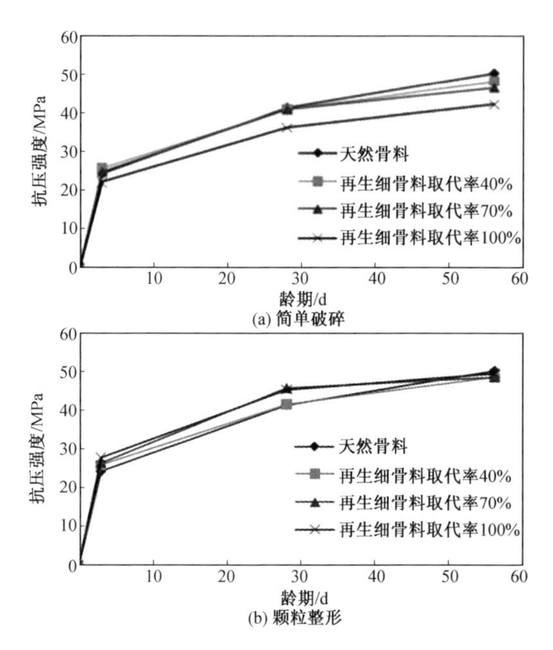


图 5.2　水泥用量为 300 kg/m$^3$时颗粒整形再生细骨料混凝土的抗压强度

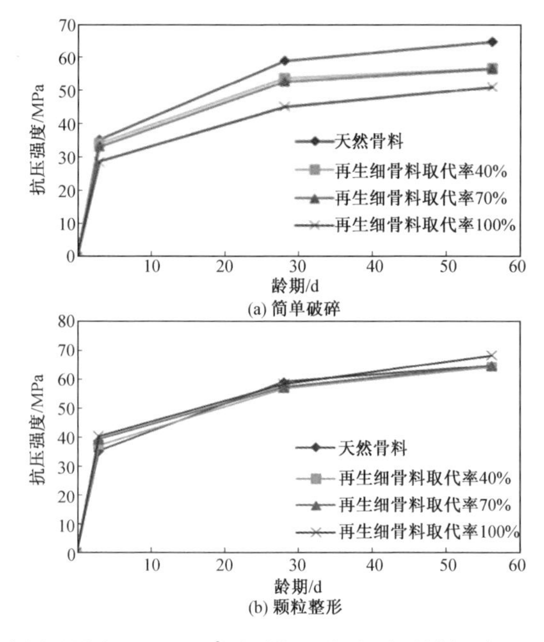


图 5.3　水泥用量为 400 kg/m$^3$时颗粒整形再生细骨料混凝土的抗压强度

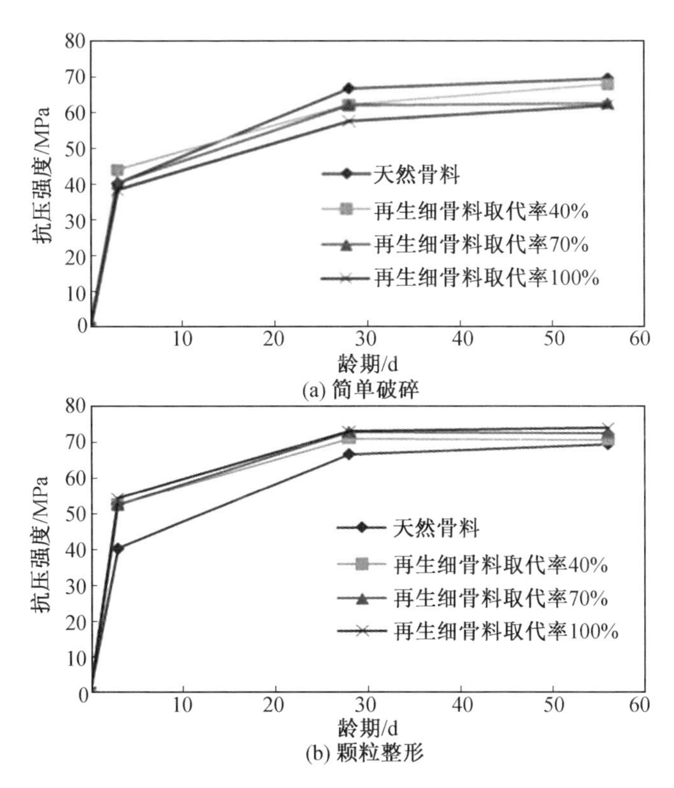


图5.4 水泥用量为500 kg/m$^3$时颗粒整形再生细骨料混凝土的抗压强度

## 5.2.3 收缩性能

收缩性能试验按照《普通混凝土长期性能和耐久性能试验方法标准》(GB/T 50082—2009)进行。

由图5.5～5.7可知,颗粒整形再生细骨料混凝土的收缩量大于天然细骨料混凝土的收缩量,但与简单破碎再生细骨料混凝土的收缩量相比,得到了明显改善。结合简单破碎再生细骨料混凝土的收缩量,可以发现天然混凝土早期的收缩大于再生混凝土,但其后期收缩明显小于再生混凝土。这是因为再生细骨料的吸水率大,能在混凝土水化初期起到保水作用;但随着水化和水分蒸发的进一步进行,会产生较大的干燥收缩。

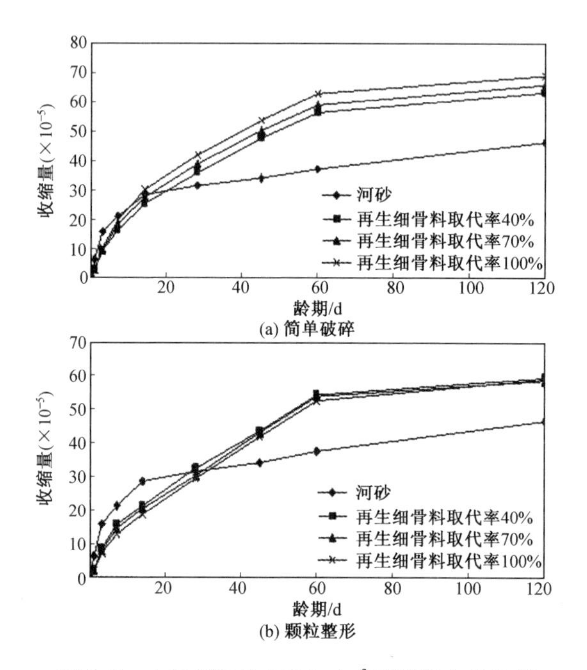


图 5.5　水泥用量为 300 kg/m$^3$时混凝土的收缩

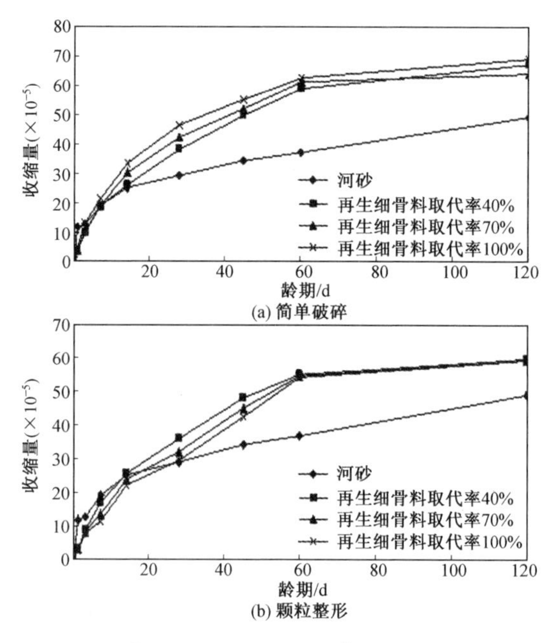


图 5.6　水泥用量为 400 kg/m$^3$时混凝土的收缩

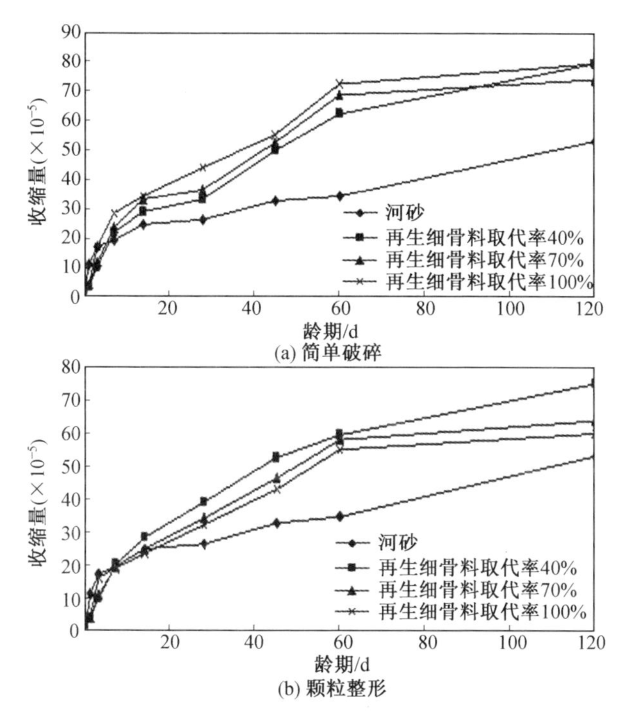


图 5.7 水泥用量为 500 kg/m³ 时混凝土的收缩

# 5.3 再生细骨料泵送混凝土的耐久性

## 5.3.1 碳化性能

碳化试验按照《普通混凝土长期性能和耐久性能试验方法标准》(GB/T 50082—2009)进行,在碳化箱中调整 $CO_2$ 的浓度在 17% ~23% 的范围内,湿度在 65% ~75% 范围内,温度控制在 15 ~25 ℃范围内。

试验研究采用砂率为 35%,减水剂掺量为胶凝材料用量的 1.2%,通过调整用水量控制坍落度在 160 ~200 mm。简单破碎的再生细骨料性能较差,不宜用来配制有耐久性要求的再生混凝土,配合比见表 5.2,配合比主要考虑了以下三个因素对再生细骨料混凝土碳化性能的影响:

(1)再生细骨料种类(颗粒整形再生细骨料);

(2)再生细骨料取代率(0%、40%、70% 和 100%);

(3)胶凝材料用量(300 kg/m³、400 kg/m³ 和 500 kg/m³)。

试验研究结果如图 5.8 ~5.13 所示。

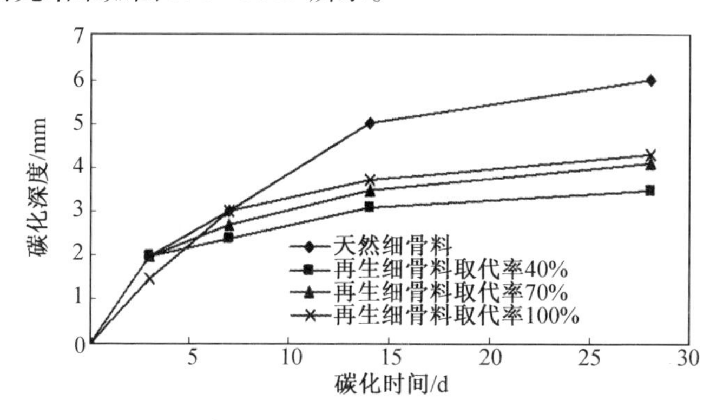


图 5.8　水泥用量为 300 kg/m$^3$时颗粒整形再生细骨料混凝土的碳化深度

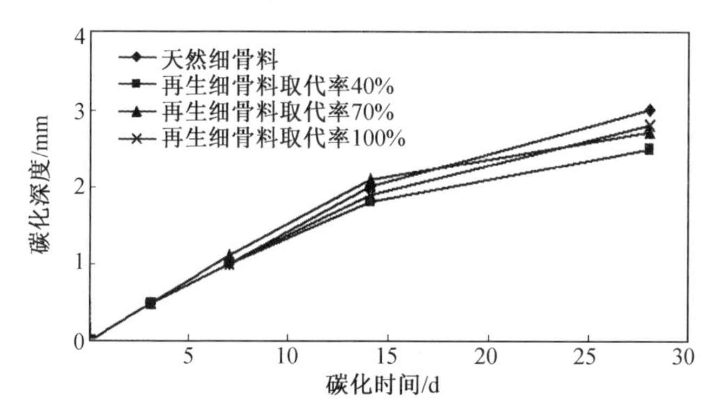


图 5.9　水泥用量为 400 kg/m$^3$时颗粒整形再生细骨料混凝土的碳化深度

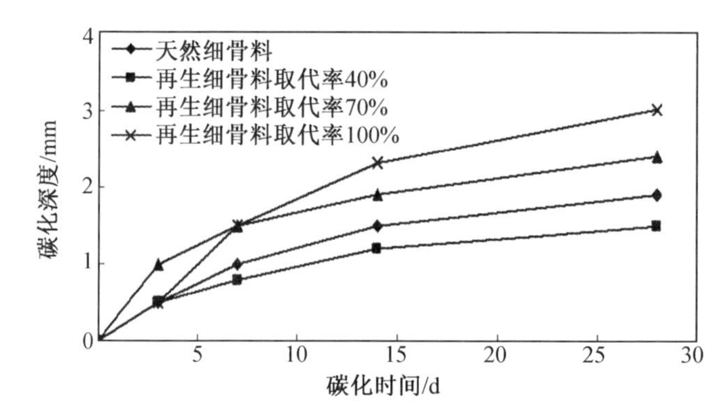


图 5.10　水泥用量为 500 kg/m$^3$时颗粒整形再生细骨料混凝土的碳化深度

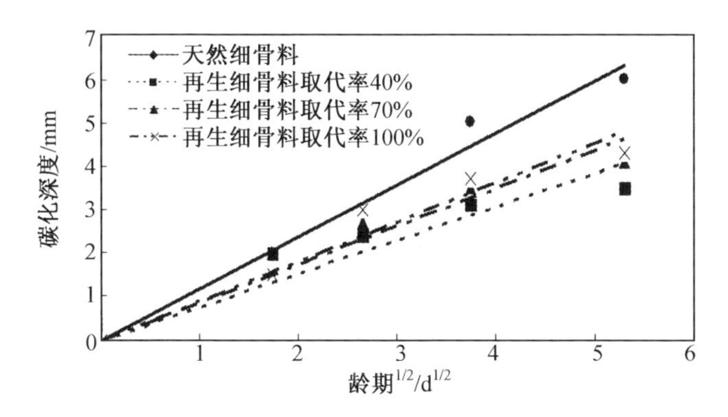


图 5.11 水泥用量为 300 kg/m$^3$时颗粒整形再生细骨料混凝土的碳化速度

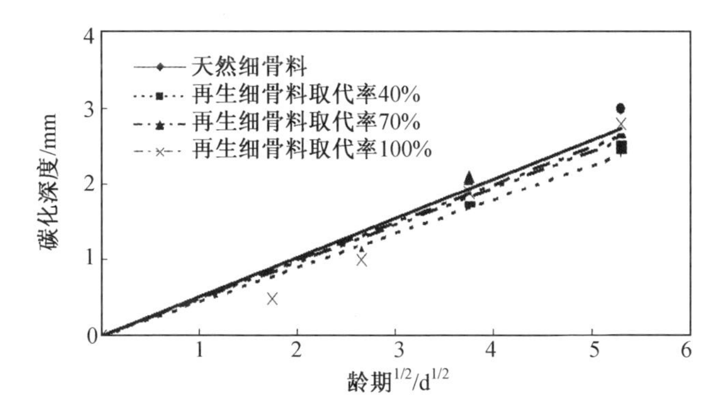


图 5.12 水泥用量为 400 kg/m$^3$时颗粒整形再生细骨料混凝土的碳化速度

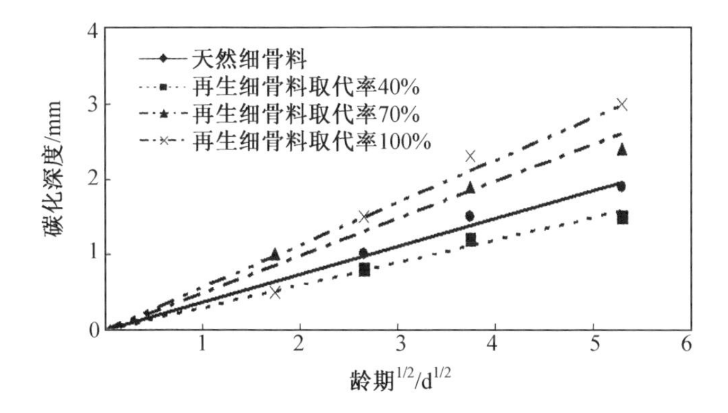


图 5.13 水泥用量为 500 kg/m$^3$时颗粒整形再生细骨料混凝土的碳化速度

由图 5.8 ~5.13 可见,颗粒整形再生细骨料在整形过程中改善了粒形,去除了较为突出的棱角和黏附在表面的硬化水泥砂浆,粒形更为优化,级配更为合理,用水量有较大程度的降低,使得混凝土的密实度提高,碳化深度降低,抗碳化性能提高。

### 5.3.2 抗冻性能

抗冻试验按照《普通混凝土长期性能和耐久性能试验方法标准》(GB/T 50082—2009)中快冻法进行,制作 100 mm×100 mm×400 mm 的长方体试块,养护 28 d,在放入冻融试验箱之前先放入水中养护 4 d,水养过后,擦干试块,测试质量和横向基频的初始值。以后的前 200 个循环,每 25 个循环测一次试块质量和横向基频,后 100 个循环,每 50 个循环测一次试块质量和横向基频。

试验采用砂率为 35%,减水剂掺量为胶凝材料用量的 1.2%,通过调整用水量控制坍落度在 160 ~ 200 mm,配合比见表 5.2。试验考虑了以下三个因素对再生细骨料混凝土抗冻性能的影响:

(1)再生细骨料种类(颗粒整形再生细骨料);

(2)再生细骨料取代率(0%、40%、70% 和 100%);

(3)胶凝材料用量(300 $kg/m^3$、400 $kg/m^3$ 和 500 $kg/m^3$)。

冻融试验过程中遵循规范规定的三点要求:

(1)进行到 300 个冻融循环就停止试验;

(2)试块的相对动弹性模量下降到 60% 以下就停止试验;

(3)试块质量损失率达 5% 以上就停止试验。

颗粒整形再生细骨料取代率对抗冻性能的影响如图 5.14 ~ 5.19 所示。

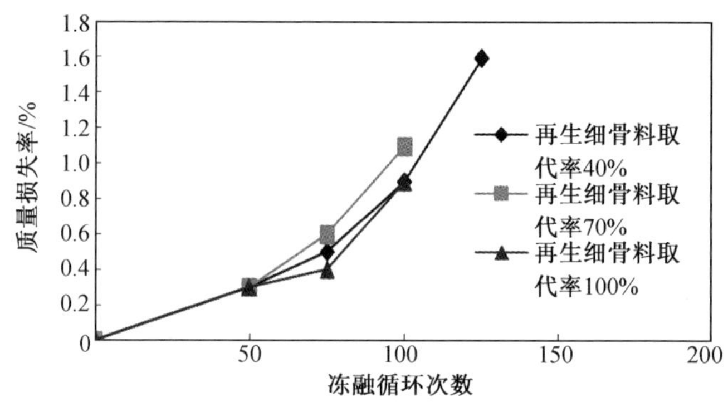


图 5.14 水泥用量为 300 $kg/m^3$ 时颗粒整形再生细骨料混凝土的质量损失率

由图 5.14 ~ 5.19 可以看出,颗粒整形再生细骨料颗粒级配合理、粒形较好,提高了再生混凝土的密实度;颗粒整形再生细骨料中水泥石和粉体的大量

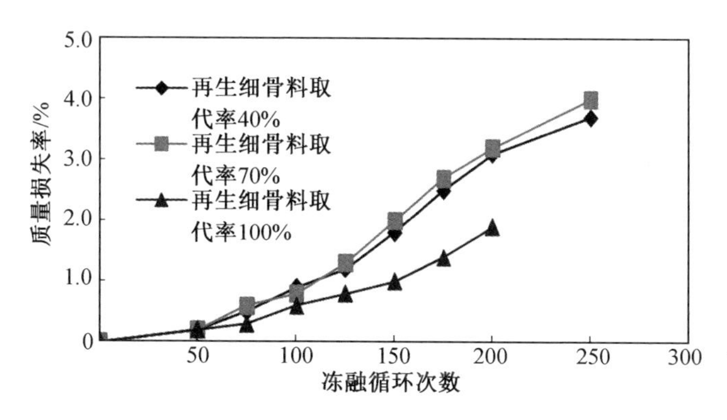


图 5.15 水泥用量为 400 kg/m³ 时颗粒整形再生细骨料混凝土的质量损失率

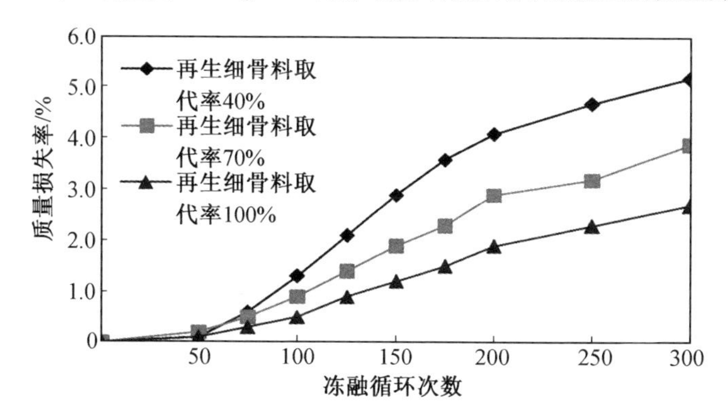


图 5.16 水泥用量为 500 kg/m³ 时颗粒整形再生细骨料混凝土的质量损失率

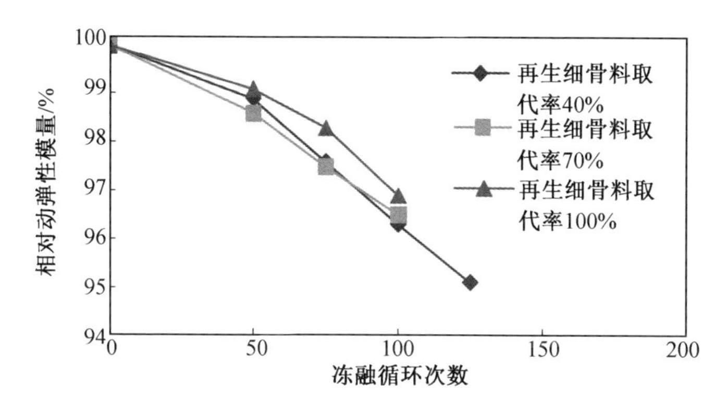


图 5.17 水泥用量为 300 kg/m³ 时颗粒整形再生细骨料混凝土的相对动弹性模量

吸水,降低了再生混凝土的实际水胶比;粉体的存在起到了填充作用,提高了再生混凝土的密实度。在试验过程中发现,再生骨料混凝土和天然骨料混凝

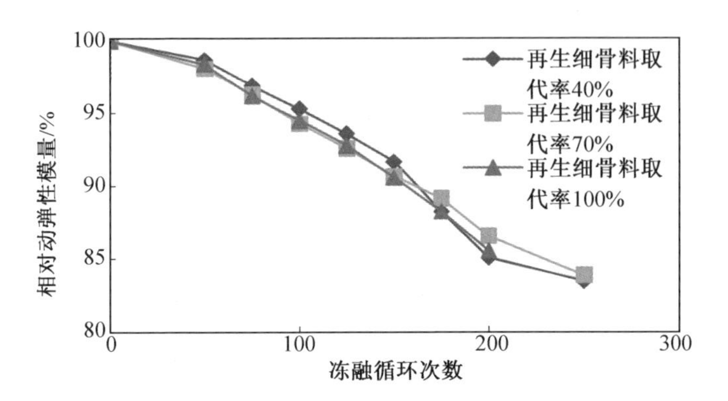


图 5.18　水泥用量为 400 kg/m³ 时颗粒整形再生细骨料混凝土的相对动弹性模量

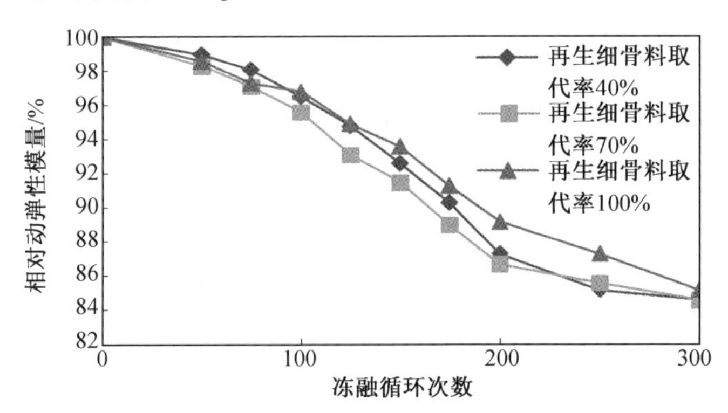


图 5.19　水泥用量为 500 kg/m³ 时颗粒整形再生细骨料混凝土的相对动弹性模量

土变化趋势相同,冻融循环次数较少时外观变化不明显,随着冻融次数的增加,试件表面混凝土开始剥落,有微小孔洞出现,并逐渐连通至整个表层水泥浆脱落,混凝土表面呈麻状,掉渣较多。颗粒整形再生细骨料混凝土的质量损失率和动弹性模量损失率随着细骨料取代率的增加变化不明显。细骨料100%取代时的质量损失率低于取代率为40%和70%时的损失率,动弹性模量损失率基本相同。

### 5.3.3　抗氯离子渗透性能

试验按照美国材料试验协会采用的混凝土抗氯离子渗透性试验方法(ASTM C 1202)进行。试验采用砂率为35%,减水剂掺量为胶凝材料用量的1.2%,通过调整用水量控制坍落度在160~200 mm,配合比见表5.2。本试验考虑了以下四个因素对再生细骨料混凝土抗氯离子渗透性能的影响:

(1)再生细骨料种类(颗粒整形再生细骨料);

(2)再生细骨料取代率(0%、40%、70%和100%);

(3)粉煤灰掺量(0%和30%);

(4)胶凝材料用量(300 kg/m$^3$、400 kg/m$^3$ 和 500 kg/m$^3$)。

细骨料取代率对氯离子抗渗性能的影响如图5.20所示。

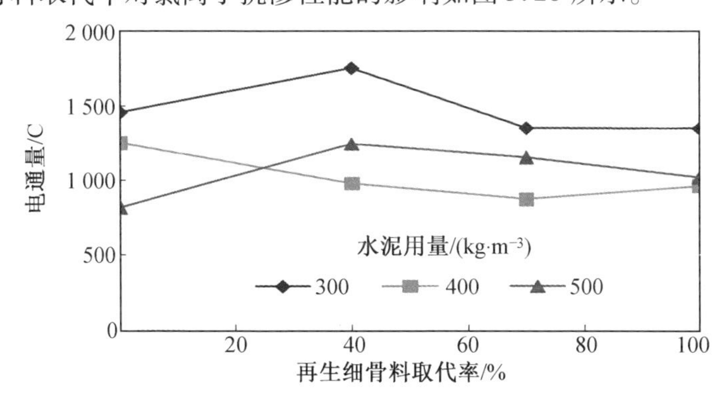


图5.20 颗粒整形再生细骨料对混凝土电通量的影响

再生细骨料混凝土的电通量均随着取代率的增大而降低。再生细骨料混凝土抗氯离子渗透性良好。适当增加胶凝材料用量可明显降低再生细骨料混凝土的渗透性。胶凝材料用量每增加100 kg/m$^3$,再生细骨料混凝土渗透性约降低28%。

# 第6章　建筑垃圾微粉再生泵送混凝土

目前,随着拆迁改造和大批建筑物达到使用寿命,每年产生大量废弃混凝土,如果利用颗粒整形技术强化骨料,必然会产生大量粉体,这些粉体的存放和处理也会产生一系列问题。

在欧洲,绝大多数废弃混凝土的回收利用仅仅采用简单破碎和骨料分级的方法,产生的粉体量很少,故这方面的研究也很少见到。日本骨料强化技术发达,强化过程产生的大量粉体,一般主要用作路基垫层或利用其残余的胶凝性代替砂浆作为陶瓷地板的找平、黏结材料。本章所述的全组分再生混凝土就是指利用建筑垃圾微粉配制再生混凝土。

## 6.1　普通建筑垃圾微粉泵送混凝土

为研究建筑垃圾微粉作为矿物掺合料代替水泥对混凝土用水量、强度、渗透性和碳化性能的影响,试验采用P. Ⅱ 52.5硅酸盐水泥作为胶凝材料;减水剂掺量为胶凝材料用量的1.2%;考虑可泵性问题,试验通过调整用水量控制坍落度在160~200 mm。本节研究建筑垃圾微粉对混凝土用水量、强度、抗氯离子渗透性能以及碳化性能的影响。试验配合比见表6.1。

表6.1　混凝土试验配合比

| 胶凝材料用量/(kg·m$^{-3}$) | 水泥/(kg·m$^{-3}$) | 建筑垃圾微粉/(kg·m$^{-3}$) | 取代率/% | 减水剂/% |
|---|---|---|---|---|
| 300 | 300 | 0 | 0 | 1.2 |
| | 270 | 30 | 10 | 1.2 |
| | 240 | 60 | 20 | 1.2 |
| | 210 | 90 | 30 | 1.2 |
| 400 | 400 | 0 | 0 | 1.2 |
| | 360 | 40 | 10 | 1.2 |
| | 320 | 80 | 20 | 1.2 |
| | 280 | 120 | 30 | 1.2 |

续表 6.1

| 胶凝材料用量/(kg·m$^{-3}$) | 水泥/(kg·m$^{-3}$) | 建筑垃圾微粉/(kg·m$^{-3}$) | 取代率/% | 减水剂/% |
|---|---|---|---|---|
| 500 | 500 | 0 | 0 | 1.2 |
| | 450 | 50 | 10 | 1.2 |
| | 400 | 100 | 20 | 1.2 |
| | 350 | 150 | 30 | 1.2 |

## 6.1.1 用水量

试验通过调整用水量控制混凝土的坍落度，混凝土的需水量如图 6.1 所示。

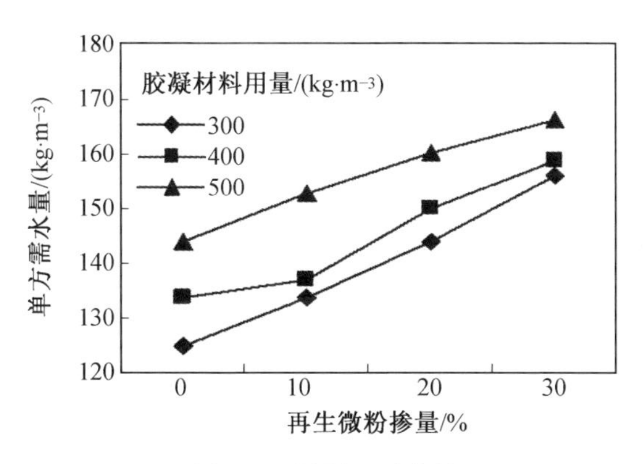


图 6.1 混凝土需水量

再生微粉是在颗粒整形过程中骨料相互高速碰撞而产生的细小颗粒，在显微镜下可以观察到其几何形状不规则、表面粗糙、棱角较多。在水泥浆流动过程中，再生微粉增加了混凝土颗粒之间的摩擦阻力，对混凝土的工作性不利。在制作混凝土过程中发现，建筑垃圾微粉的颗粒结构疏松，在搅拌完成后仍能吸收部分水分，使混凝土浆体中的自由水减少，导致坍落度损失。其原因主要是：

①再生微粉的颗粒结构疏松，在搅拌完成后仍能吸收部分水分和减水剂，使混凝土浆体中的自由水减少，导致坍落度损失。

②再生微粉颗粒粗糙，增大了混凝土浆体颗粒间的摩擦阻力。

## 6.1.2 强度

再生微粉混凝土与普通混凝土相比有其自身的特点，如图 6.2 所示。

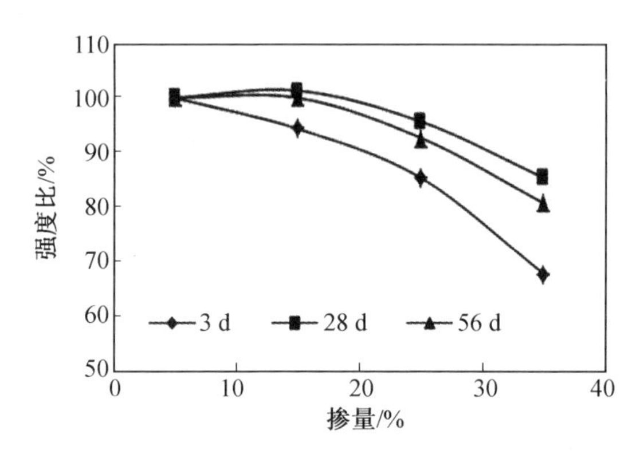


图 6.2　再生混凝土强度

掺量在 10% 和 20% 时，在胶凝材料用量为 300 kg/m³ 和 400 kg/m³ 情况下再生微粉对混凝土强度具有促进作用；当胶凝材料用量为 500 kg/m³ 时，混凝土强度略有降低。掺量为 30% 时，再生微粉混凝土强度低于普通混凝土强度。再生微粉掺量和胶凝材料用量对混凝土的强度比均有影响。再生微粉混凝土 28 d 龄期的强度比高于 3 d 龄期的强度比，56 d 龄期的强度比又稍有下降。

本书试验采用的废弃混凝土粗骨料为花岗岩碎石，经颗粒整形后收集到的微粉颗粒中含有大量 $SiO_2$ 成分，其中粒径较小的颗粒在碱性环境的激发下可以生成 C-S-H 凝胶体，填充水泥石中的孔隙，改善孔结构。在二次水化反应过程中，$Ca(OH)_2$ 被逐渐消耗掉，减小了混凝土中 $Ca(OH)_2$ 的含量和晶体尺寸，并减弱其晶体的取向排列，强化骨料界面过渡层，对混凝土的中后期强度发展起到积极作用；再生微粉中不具有活性的颗粒，在水泥浆中可以起到微集料填充作用，与硬化的水泥浆体一起形成“微混凝土”，对混凝土强度的发展起积极作用；另外，再生微粉中未充分水化的水泥矿物仍具有一定的水化活性，也有利于混凝土强度的发挥。当掺量过大时，一方面由于再生微粉粒形较差，减小了水泥浆的流变性，在相同坍落度下混凝土用水量明显增加；另一方面水泥用量也随之减少，导致混凝土强度显著下降。

### 6.1.3　抗渗性

试验采用美国材料试验协会提出的混凝土抗氯离子渗透性试验方法（ASTM C 1202），比较再生微粉混凝土与普通混凝土的区别，如图 6.3 所示。

由图可见，随着再生微粉取代率和胶凝材料用量的不同，混凝土渗透性变

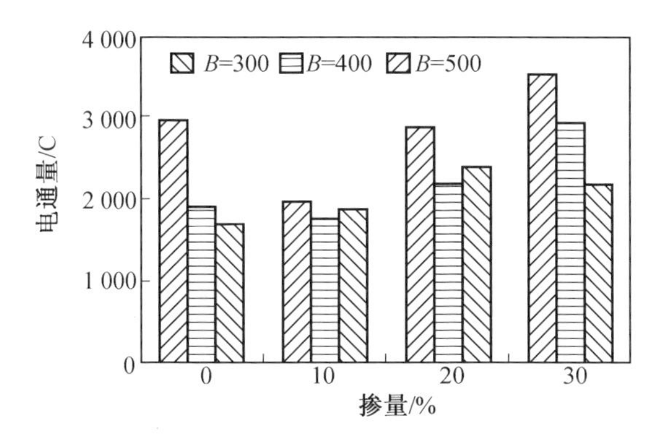


图 6.3　胶凝材料总量对混凝土电通量的影响

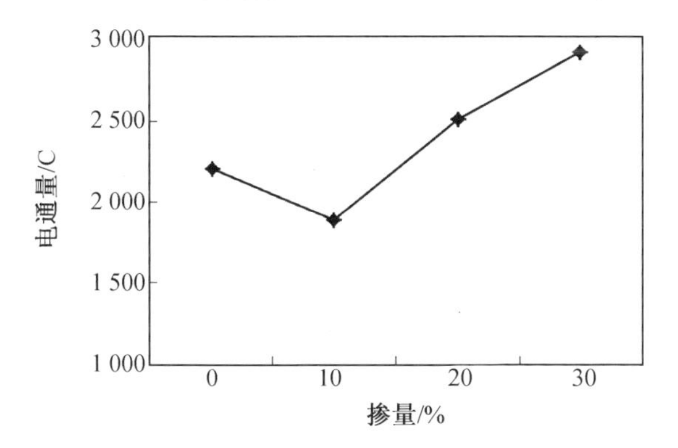


图 6.4　再生微粉量对混凝土电通量的影响

化显著。从中可以发现两方面的特点:

(1)在胶凝材料用量不变的情况下,再生微粉取代率为 10% 时,电通量达到最小,且与胶凝材料的用量关系不大;以后随着取代率的增加,混凝土渗透性逐渐增大,并且胶凝材料用量越少,电通量增加幅度越大。

(2)在取代率不变的情况下,混凝土渗透性的变化趋势是随胶凝材料用量增加而降低。

混凝土渗透性很大程度上取决于其密实性和孔结构。我们认为:一方面,再生微粉具有一定的活性;另一方面,再生微粉使混凝土需水量增加。由图 6.4 可知,相对于纯水泥混凝土,再生微粉取代率为 10% 时,混凝土水胶比明显提高,电通量却有所下降或变化不大,这表明再生微粉能够对混凝土的微观结构产生有利作用,提高了混凝土的密实性,改善了孔结构,对混凝土抵抗渗透的能力产生正面影响。再生微粉取代率为 20% 时对混凝土渗透性影响较小,但达到30%后会产生明显不利影响,这主要是因为水胶比有较大幅度的提高。在胶凝材料用量提高的情况下混凝土渗透性呈降低趋势,这是因为随胶凝材料用量的提高,混凝土水胶比降低,混凝土孔结构得到改善,结构变得更加密实。

### 6.1.4 抗碳化性能

试验按照《普通混凝土长期性能和耐久性能试验方法标准》(GB/T 50082—2009)进行。图6.5为120 d碳化试验情况。

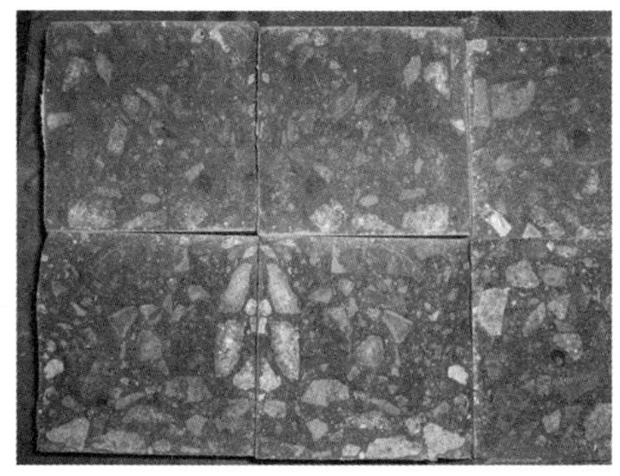

图6.5 120 d碳化试验结果

试验结果表明三种矿物掺合料的混凝土28 d碳化深度均小于1 mm;120 d碳化深度最大不超过2 mm。说明再生微粉、矿粉和粉煤灰混凝土都能够满足混凝土抗碳化性能的要求。而且在高效减水剂的作用下,混凝土的水胶比很低,水泥石结构密实。同时矿物掺合料参与胶凝材料的水化,改善混凝土的界面结构,提高混凝土的密实性,从而很好地提高了混凝土的抗碳化能力。

## 6.2 超细建筑垃圾微粉混凝土

因为再生微粉中含有大量硬化水泥石,它们可能会影响再生微粉的性能,所以本试验将P. Ⅱ 52.5硅酸盐水泥放置于沸煮箱中煮沸4 h后,将其磨细成平均粒径为6.1 μm的超细粉,在混凝土中作为超细矿物掺合料代替水泥,以研究其对混凝土各项性能的影响,并以硅灰和超细矿粉作为对比。试验所使用的超细再生微粉是由气流粉碎机制成的。

表 6.2 超细建筑垃圾微粉混凝土试验配合比

| 胶凝材料用量/(kg·m$^{-3}$) | 水泥/(kg·m$^{-3}$) | 建筑垃圾微粉取代率/% | 粗骨料用量/(kg·m$^{-3}$) | 细骨料用量/(kg·m$^{-3}$) | 减水剂/% |
|---|---|---|---|---|---|
| 300 | 300 | 0 | 1 222 | 658 | 1.2 |
| | 285 | 5 | 1 222 | 658 | 1.2 |
| | 270 | 10 | 1 222 | 658 | 1.2 |
| | 255 | 15 | 1 222 | 658 | 1.2 |
| 400 | 300 | 0 | 1 190 | 640 | 1.2 |
| | 285 | 5 | 1 190 | 640 | 1.2 |
| | 270 | 10 | 1 190 | 640 | 1.2 |
| | 255 | 15 | 1 190 | 640 | 1.2 |
| 500 | 300 | 0 | 1 157 | 623 | 1.2 |
| | 285 | 5 | 1 157 | 623 | 1.2 |
| | 270 | 10 | 1 157 | 623 | 1.2 |
| | 255 | 15 | 1 157 | 623 | 1.2 |

### 6.2.1 工作性

超细建筑垃圾微粉与建筑垃圾微粉一样,都会对混凝土的用水量产生不利影响。超细矿粉和硅灰对混凝土需水量的影响稍小(图 6.6)。在实际搅拌过程中会发现,掺有超细建筑垃圾微粉的混凝土具有较明显的触变性,一旦停止搅拌,流动性损失较快,如果再次搅拌,流动性又迅速恢复。这可能与超细建筑垃圾微粉较大的比表面积和颗粒形状有关。

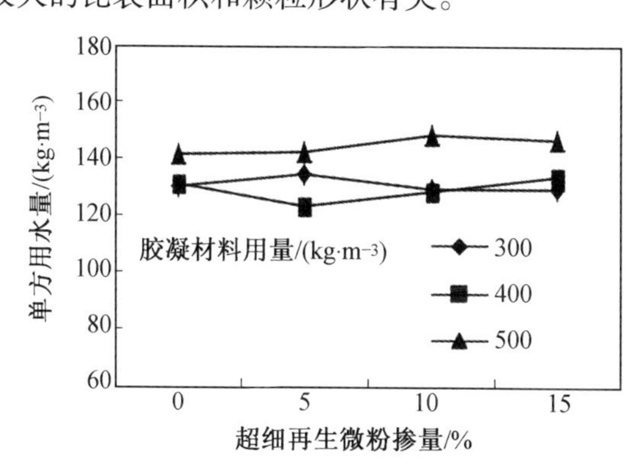


图 6.6 超细再生微粉对混凝土需水量的影响

混凝土需水量与超细再生微粉掺量相关性不大,这说明聚羧酸减水剂对超细再生微粉的分散良好。但在实际搅拌过程中会发现,掺有超细再生微粉的混凝土流动性损失较快,如果再次加水,流动性又能够恢复。这与超细再生微粉颗粒内部的大量孔隙有关,在混凝土浆体中,这些孔隙能够吸附大量水和减水剂。

### 6.2.2 强度

超细建筑垃圾微粉具有一定的活性,随着超细建筑垃圾微粉掺量的增加(0% ~15%),混凝土的强度略有提高(图 6.7)。其对混凝土强度的提高作用与超细矿粉大致相当。

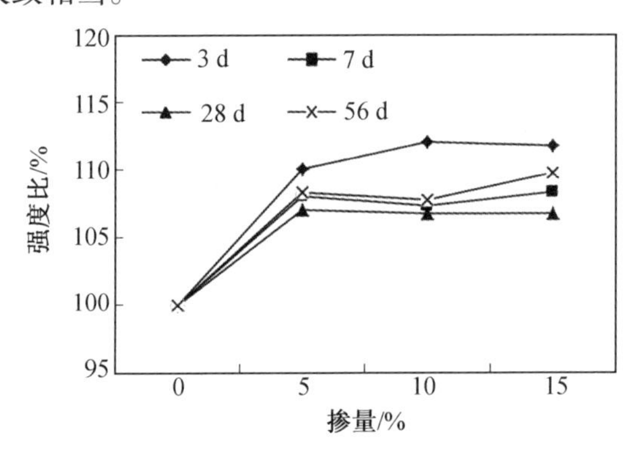


图 6.7 超细再生微粉混凝土强度

由图 6.7 可见:

(1)在所有不同掺量下,混凝土强度比在 3 d 达到最高,之后有所下降,但幅度不大。这说明超细再生微粉具有早强作用,并且对混凝土的后期强度发展影响不大。

(2)从混凝土强度比与超细再生微粉的掺量之间的关系能够发现,在掺量为 5% ~15% 的范围内,超细再生微粉掺量与混凝土强度比之间的关系不大。

超细再生微粉混凝土用水量与普通混凝土用水量基本相同,但强度却明显高于普通混凝土。超细再生微粉是由再生微粉经磨细后得到,具有很高的比表面积和表面活性;另外,超细再生微粉平均粒径为 6.1 μm,具有“微填充效应”,使水泥颗粒间的空隙减少,混凝土微观结构变得密实。与再生微粉一样,超细再生微粉中也含有大量水泥石,其中的 C-S-H 凝胶颗粒具有促进水泥水化的作用。

# 第7章　再生自密实混凝土

自密实混凝土(Self Compacting Concrete 或 Self-Consolidating Concrete, SCC)是指在自身重力作用下,能够流动、密实,即使存在致密钢筋也能完全填充模板,同时获得很好的均质性,并且不需要附加振动的混凝土。

早在20世纪70年代早期,欧洲就已经开始使用轻微振动的混凝土,但是直到20世纪80年代后期,SCC才在日本发展起来。日本发展SCC的主要原因是解决熟练技术工人的减少和混凝土结构耐久性提高之间的矛盾。欧洲在20世纪90年代中期才将SCC第一次用于瑞典的交通网络民用工程上。随后欧共体建立了一个多国合作SCC指导项目。从此以后,整个欧洲的SCC应用普遍增加。我国自密实混凝土发展起步稍晚,从1995年开始,北京、深圳、济南等城市也开始有工程陆续使用自密实混凝土,随着我国建筑业的迅猛发展,自密实混凝土的发展成了后起之秀,随着自然资源的枯竭和环保意识的增强,再生自密实混凝土会得到越来越好的发展。

## 7.1　工作性

混凝土的工作性及施工振捣质量对混凝土工程的质量起到决定性的作用,提高混凝土工作性和施工质量尤为重要,施工性能上能达到自密实、可调凝的新型混凝土对现代建筑工程意义重大。近年来,对水泥和混凝土微观研究的不断深入,以及高效减水剂的出现,使配制自密实高性能混凝土成为可能。由于使用自密实混凝土可以满足薄壁结构、密集配筋或钢管混凝土等无法振捣的施工需要,同时可以改善混凝土施工性能,降低劳动成本,有利于环境保护,因此人们越来越重视该项技术的开发和利用,自密实高性能混凝土已成为混凝土技术的最新发展方向之一。

用再生骨料配制再生混凝土,有利于保护环境,降低成本,同时可以改善混凝土施工性能。本章研究高品质再生粗骨料以不同比例取代天然粗骨料,制备自密实混凝土的方法。

### 7.1.1 工作性的特点及测试方法

自密实混凝土工作性的特点是具有良好的穿透性能、充填性能和抗离析性能。再生自密实混凝土的配合比设计中,所有三个工作性参数都应被评估,以保证所有方面都符合要求。适宜测试自密实混凝土的工作性的各种方法见表7.1。

表 7.1 自密实混凝土测试方法

| 方法 | 测试项目 | 性能 | 数值范围 | |
|---|---|---|---|---|
| | | | 最小 | 最大 |
| 坍落流动度法 | 坍落流动度/mm | 充填性能 | 650 | 800 |
| $T_{50\ cm}$坍落流动度法 | $T_{50\ cm}$/s | 充填性能 | 2 | 7 |
| V-漏斗法 | 流出时间/s | 充填性能 | 8 | 12 |
| Orimet 测试法 | 流出时间/s | 充填性能 | 0 | 5 |
| J-环法 | 高度差/mm | 穿透性能 | 0 | 10 |
| L 形仪法 | $h_2/h_1$ | 穿透性能/充填性能 | 0.8 | 1.0 |
| U 形仪法 | $h_2-h_1$/mm | 穿透性能 | 0 | 30 |
| 填充仪法 | 填充系数/% | 穿透性能/充填性能 | 90 | 100 |
| V 形漏斗-$T_{5\ min}$法 | $T_{5\ min}$/s | 抗离析性能 | 0 | +3 |
| 筛稳定性仪法 | 离析率/% | 抗离析性能 | 0 | 15 |

国内外对自密实混凝土工作性的评价指标和试验方法有很多,难以用一种指标来全面反映混凝土拌合物的工作性。根据《自密实混凝土应用技术规程》(CECS 203:2006)和《自密实混凝土设计与施工指南》(CCES 02—2004)中的规定,我国的自密实高性能混凝土的工作性应包含流动性、抗离析性(segregation resistance)、填充性(filling ability)和间隙通过性(passing ability)四类。

为了实现再生自密实混凝土较大的坍落度和较好的流动性,在配制再生自密实混凝土时,选用高品质再生骨料部分或全部替代天然再生骨料,同时掺入一定量的粉煤灰、矿粉等矿物外加剂来提高自密实混凝土的流动性,为防止单方用水量过多影响混凝土的强度或用水量较少而降低混凝土的流动性和填充性,通常用高效减水剂替代部分用水量避免造成混凝土离析泌水。图 7.1 是用水量不足,胶凝材料配比设计不合理造成新拌混凝土干硬,没有流动性,更没有坍落度,无法达到自密实的效果;图 7.2 是单方用水量过多或设计的配比不合理等原因造成流动性过大出现泌水的现象,这种状态下的混凝土的工作性不稳定,会严重影响到施工质量。所以,在试验中,为配制工作性良好的再生自密实混凝土,得到成型良好、充填均匀的试块,不断地进行试配和调整各掺量,最终得到成型优良的混凝土试块。

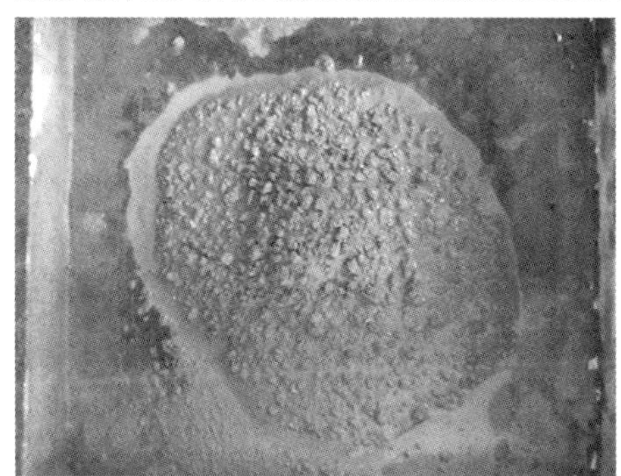

图 7.1 用水量不足的新拌出的自密实混凝土

图 7.2 流动性过大的再生自密实混凝土

除了使用性能优异的减水剂外,往往还要掺加矿物掺合料。在进行混凝土搅拌时根据坍落度合理控制用水量,以免用水量较少造成混凝土流动性降低,填充性下降,或用水量过多造成混凝土离析泌水。通过在试验过程中不断地试配与调节,混凝土具有优良的工作性,得到成型良好、充填均匀的试件。图 7.3 是成型不好的再生自密实混凝土试件的表面与内部的情况,图 7.4 是成型优异的再生自密实混凝土试件的表面与内部的情况。

坍落度是测定普通混凝土工作性能的常用方法之一,由于自密实混凝土有很大的流动性、很大的坍落度,因此,在对自密实混凝土的研究中,通常用坍落度法测定自密实混凝土的坍落度和坍落扩展度来评价混凝土流动性的好坏。

图 7.3　不良配合比自密实混凝土试件外观及切片

图 7.4　优良配合比自密实混凝土试件外观及切片

将新拌的混凝土灌入坍落度桶中并分层振捣直至装满坍落度桶，将桶拔起，混凝土因自重产生坍落现象，用桶高(300 mm)减去坍落后混凝土最高点的高度则为坍落度。待混凝土的流动停止后，测量展开混凝土圆形截面的最大直径，以及与最大直径呈垂直方向的直径，取两个直径的平均值，即为所测混凝土的坍落流动度。从混凝土的坍落度和坍落扩展度(图 7.5)可以目测出所配制的混凝土是否出现离析、泌水等不良现象，要求粗骨料中间不集堆，而且混凝土拌合物扩展边缘无砂浆析出，也无多余的水析出。通过测量其坍落度和坍落扩展度可知所配制混凝土是否有好的工作性能，可以初步控制满足实际工程的施工质量要求。

### 7.1.2　工作性调整

当采用上述工作性测试方法检测时，如果超出标准范围太大，说明混凝土

图7.5 坍落扩展度测试

的工作性存在缺陷,可以通过下述途径来调整再生自密实混凝土的工作性:

黏度太高:提高用水量,提高浆体量,增加高效减水剂用量;

黏度太低:减少用水量,减少浆体量,减少高效减水剂用量,掺加增稠剂,增加粉料用量,增加砂率;

屈服值太高:增加高效减水剂用量,增加浆体的体积;

离析:增加浆体的体积,降低用水量,增加粉剂;

坍落度损失太大:用水化速度较慢的水泥,加入缓凝剂,选用其他减水剂;

堵塞:降低骨料最大粒径,增加浆体体积。

## 7.2 工作性的影响因素

**1. 砂率的影响**

砂率是影响自密实混凝土新拌物流动性的一个重要因素。当水泥用量和水灰比不变时,一方面,因为砂子比表面积远比粗骨料要大,砂率增大,则粗细骨料的总表面积也随着增大,如果水泥浆用量一定,粗细骨料表面分布包裹的浆量就会变薄,造成润滑作用降低,所以混凝土的流动性也随之降低。因此,当砂率超过一定范围时,浆体的流动性会随砂率增加而降低。另一方面,由于水泥浆和砂子组成的砂浆对粗骨料起的滚珠和润滑作用,能降低粗骨料间的摩擦阻力,所以,随着砂率的增大,自密实混凝土流动性增大。在自密实混凝土中,使用较大的砂率能够满足工作性能的特殊要求。

适当的砂率,让粗细骨料相互之间填充密实,水泥砂浆是粗细骨料颗粒间的润滑剂,可以增加流动性,避免因包裹骨料颗粒的水泥浆体过厚造成自密实混凝土离析。选用高效减水剂能保证自密实混凝土在较低的胶凝材料用量和水胶比情况下产生包裹性、较大的流动度、较好的黏聚性和匀质性。

**2. 混合料集灰比和水灰比的影响**

保持水灰比不变,同时减少集灰比,则用水量增加、流动性提高。如果集灰比保持不变,同时降低水灰比,单位用水量将减少,混凝土流动性将降低。

**3. 原材料的影响**

(1)矿粉对自密实混凝土的坍落度影响不大,但其他惰性掺合料的掺量太大时,混凝土的坍落度会出现明显的减小。

(2)用水量不变时,如果水泥的需水量越大则自密实混凝土的流动度越小。相对地,如果水泥的需水量越小则自密实混凝土流动度越大。

(3)用水量条件相同情况下,需水量高的再生骨料含量越少,流动性就越大。反之流动性就越小。

(4)高效减水剂可以明显地提高新拌混凝土的流动性,如果流动性相同,可以较大程度地减少自密实混凝土用水量。

(5)使用的粉煤灰需水量减小,自密实混凝土的用水量也随之减少。继续保持混凝土的流动性不变的同时可以做到较大程度地减少自密实混凝土的用水量。

**4. 再生骨料的影响**

骨料约占混凝土原材料的70%,骨料在混凝土中充当骨架的作用,骨料的质量对混凝土的质量有着很大的影响。配制高质量混凝土,则必须要用高质量、高强度、物理化学性能稳定、不含有机杂质及盐类的粗细骨料。再生骨料质量的优劣对再生自密实混凝土的工作性能有着很大的影响。

将建筑废弃物分类、筛选、破碎、分级、清洗,按国家标准对骨料颗粒级配的要求进行调整后得到的混凝土骨料称为再生骨料。再生骨料按颗粒粒径的大小分为再生细骨料和再生粗骨料,本书重点研究了再生粗骨料对再生自密实混凝土的工作性能的影响。再生骨料的许多性能不同于天然骨料:在轧碎的操作工艺中,形成的形状较多,棱角也较多,根据破碎机的不同,颗粒粒径的分布也不同,容量较小,可作为半轻质骨料;再生骨料上附带有水泥素浆,使再生骨料有较轻的质量,有较高的吸水率,减少了黏结力,降低了抗磨强度;再生粗骨料中会有一定量的从原有废弃混凝土中附带的黏土颗粒、沥青、石灰、钢筋、木材、碎砖等污染物,会对再生骨料拌制的再生自密实混凝土的力学性能和耐久性带来负面影响,需要引起注意并采取有效的措施加以防范。

研究表明,当粗骨料的形状越接近球形体,其棱角越少,则颗粒之间的空隙也就越小,在胶凝材料相同的情况下,配制混凝土的用水量相同时,再生粗骨料的取代量越大,混凝土的坍落度就越小,其流动性也越不好。也就是说,要使再生自密实混凝土达到相同的坍落度,混凝土有较大的流动性,则再生骨料取代量应减少。

研究表明,颗粒整形能明显地改善再生骨料的各项性能,通过对再生骨料的颗粒整形,粗骨料的棱角减少,越接近球体,越能够提高堆积密度和密实密度,同时降低压碎指标(粗骨料)和坚固性值(细骨料),使之与天然粗骨料相接近,可以改善再生混凝土的工作性。同时,虽然在整形过程中去除了骨料带有的大量的水泥水化产物,但与天然骨料相比吸水率还是较大,再生粗骨料的吸水率是天然粗骨料的 5 倍。

**5. 再生骨料取代率的影响**

试验中通过坍落度法测定了不同胶凝材料体系、不同取代量的再生粗骨料的混凝土拌合物的坍落度和坍落扩展度,再生粗骨料混凝土工作性试验方案和结果见表 7.2。通过目测来检查混凝土拌合物的黏聚性和保水性,再生骨料取代率对再生自密实混凝土坍落度的影响。

**表 7.2 天然骨料的自密实混凝土工作性**

| 代号 | 水泥 /(kg · $m^{-3}$) | 矿粉 /(kg · $m^{-3}$) | 粉煤灰 /(kg · $m^{-3}$) | 胶凝材料 /(kg · $m^{-3}$) | 用水量 /(kg · $m^{-3}$) | 水灰比 | 坍落度 /mm | 扩展度 /mm |
|---|---|---|---|---|---|---|---|---|
| A1 | 475 | 50 | 0 | — | 175 | 0.37 | 275 | 715 |
| B1 | 375 | 50 | 100 | 525 | 175 | 0.47 | 272 | 710 |
| C1 | 315 | 50 | 160 | — | 175 | 0.56 | 275 | 730 |

从表 7.3 的试验结果可以看出,在再生自密实混凝土中,C1 组的再生自密实混凝土的扩展度和坍落度最大,其坍落度达到了 275 mm,扩展度也达到了730 mm。从表 7.3 的试验结果可以看出,A4 组再生自密实混凝土的坍落度最小,但其坍落度也达到了 255 mm,扩展度达到了 680 mm,新拌再生自密实混凝土的坍落度和扩展度显示再生自密实混凝土的工作性能良好, 达到了自密实混凝土的要求。再生粗骨料取代率为 40% 的再生自密实混凝土的坍落度与天然骨料自密实混凝土的坍落度相接近。随着再生粗骨料取代率的增加,再生自密实混凝土的坍落度有所下降,再生骨料混凝土的扩展度也稍低于天然骨料混凝土。

表 7.3　再生粗骨料的自密实混凝土工作性

| 代号 | 水泥 /(kg·m$^{-3}$) | 矿粉 /(kg·m$^{-3}$) | 粉煤灰 /(kg·m$^{-3}$) | 再生粗骨料取代率/% | 用水量 /(kg·m$^{-3}$) | 水灰比 | 坍落度 /mm | 扩展度 /mm |
|---|---|---|---|---|---|---|---|---|
| A2 | 475 | 50 | 0 | 40 | 175 | 0.37 | 273 | 690 |
| A3 | 475 | 50 | 0 | 70 | 175 | 0.37 | 266 | 650 |
| A4 | 475 | 50 | 0 | 100 | 175 | 0.37 | 255 | 680 |
| B2 | 375 | 50 | 100 | 40 | 175 | 0.47 | 271 | 690 |
| B3 | 375 | 50 | 100 | 70 | 175 | 0.47 | 265 | 678 |
| B4 | 375 | 50 | 100 | 100 | 175 | 0.47 | 260 | 653 |
| C2 | 315 | 50 | 160 | 40 | 175 | 0.56 | 272 | 715 |
| C3 | 315 | 50 | 160 | 70 | 175 | 0.56 | 262 | 690 |
| C4 | 315 | 50 | 160 | 100 | 175 | 0.56 | 255 | 665 |

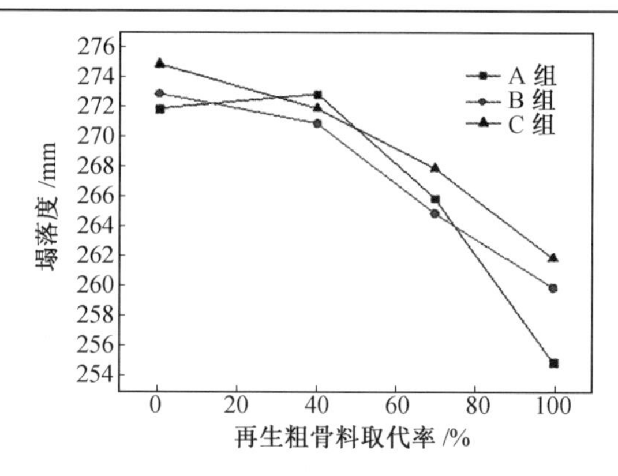


图 7.6　再生粗骨料取代率对再生自密实混凝土坍落度的影响

从图 7.6 中可以看出，在坍落度符合要求时，不同胶凝材料的再生粗骨料自密实混凝土的坍落度都随再生粗骨料取代率的增加而加速下降。在再生粗骨料取代率为 40% 时，坍落度已经接近天然粗骨料混凝土；再生粗骨料 70% 取代时，坍落度比天然粗骨料混凝土明显降低；再生粗骨料全取代的混凝土的坍落度比相应的天然骨料混凝土，损失率达到了 7% 以上，但是其保水性、黏聚性等已经与天然粗骨料混凝土相差无几。在水灰比不变情况下，骨料需水量随再生骨料取代率的提高而增加，使得新拌混凝土坍落度大幅度下降。这主要有以下几个方面的原因：

(1)废弃混凝土在破碎的过程中产生较多的棱角,致使表面粗糙。骨料内部因损伤的累积存在一些裂纹或微裂纹,且在其表面嵌附有少量硬化水泥砂浆和小石屑。砂浆体中水泥石本身有较大的孔隙率,在破碎过程中其内部会产生大量微细裂缝,并不可避免地含有较多的泥土和泥块。

(2)再生粗骨料经过整形筛分后明显地改善了各项性能,粗骨料的棱角减少,更接近球体,去除了再生粗骨料带有的水泥水化物,显著地提高了其堆积密度和密实度,降低了压碎指标值,使之接近天然粗骨料。

(3)另外,由于高品质再生粗骨料含有的一部分水泥石会吸收一定量的水,因此,再生粗骨料的吸水率明显高于天然粗骨料,所以在控制用水量不变时,再生粗骨料混凝土的坍落度随再生粗骨料取代量的增加而下降。

在试验中,取不同胶凝材料而相同再生骨料取代率的混凝土坍落度的平均值,可以直观地研究坍落度随再生骨料取代率的变化规律,得到再生混凝土坍落度随再生骨料取代率的变化规律,如图 7.7 所示。可以看出在控制用水量不变时,再生粗骨料自密实混凝土的坍落度随再生粗骨料取代率的增加而减小。要使再生骨料混凝土和天然骨料混凝土保持坍落度基本相同,则需采用增加单位用水量或增加高效减水剂的方式进行调整。通过试验可知,用再生粗骨料部分或全部替代天然粗骨料应用到实际工程中是可行的。

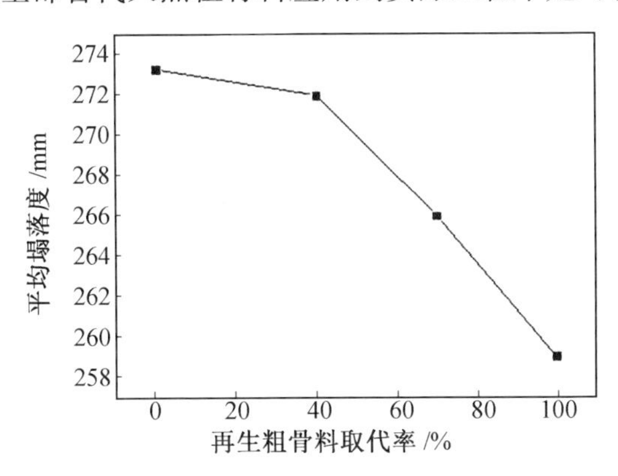


图 7.7 不同胶凝材料而相同再生骨料取代率的混凝土对坍落度的影响

## 7.3 再生自密实混凝土制备

自密实混凝土所用原材料与普通混凝土基本相同,而有所区别的是必须选择合适的骨料粒径(一般不超过 20 mm)、砂率,并掺入大量的超细物料与适当的高效减水剂及其他外加剂,如提高稳定性的黏度调节剂、提高抗冻融能力的引气剂、控制凝结时间的缓凝剂等等。因此再生自密实混凝土的骨料体系也应有独特的要求。

对再生自密实混凝土的研究,着重从两个方面入手,一是再生自密实混凝土的工作性能,二是强度,通过对再生自密实混凝土的力学性能的试验研究,通过有效合理的方法提高再生混凝土的强度来扩大其应用范围。

再生自密实混凝土的强度取决于三个方面,一是再生粗骨料的颗粒强度,应选用高品质的再生骨料;二是胶凝材料与骨料的黏结强度;三是胶凝材料硬化后的强度。要提高再生自密实混凝土的强度就要综合考虑各种因素,并加以调整,以得到满足施工质量的再生自密实混凝土。

# 第8章　再生泵送混凝土应用实例

## 8.1　再生骨料混凝土在市政工程中的应用

目前,我国再生骨料混凝土已在一些道路工程中的路基和路面部位进行了应用,收到了良好的效果。

### 8.1.1　西安市某Ⅰ级公路

在西安市某Ⅰ级公路的改扩建过程中,部分路段采用了再生粉煤灰混凝土作为路面基层材料,该试验路段位于平坡、无弯道地区,试验路段设计采用水泥∶石灰∶粉煤灰∶再生骨料=2∶3∶15∶80,其中石灰和粉煤灰的质量均满足高等级路面基层的规范要求。此外,考虑到石灰和粉煤灰所组成的结合料在黏结力方面稍显不足,因此在工程中用水泥代替部分石灰,以提高结合料的黏结力和早期强度。在施工过程中,按有关施工验收和检测规程,对工程的压实度、抗压强度等进行了现场测试,检测结果表明,RSFL的力学性能和有关指标均满足Ⅰ级路面基层的规范要求,试验路段基层中没有出现明显的缩裂现象,在外观上,RSFL与普通二灰稳定集料也没有差别,且RSFL的温缩和干缩性能也满足工程要求。王军龙、赵景民等结合该工程进行了研究,证明二灰稳定再生集料是一种力学性能较好的道路基层材料。

### 8.1.2　开兰路和国道310线

开封地区在开兰路改建工程和国道310线过境改线工程中分别铺筑一段无机结合料稳定再生骨料基层和再生水泥混凝土路面试验路段。其中开兰路试验段是在不同路段采用6 cm沥青混凝土下铺筑15 cm水泥稳定再生骨料和15 cm二灰稳定再生骨料基层两种形式;310线在15 cm二灰碎石基层上加铺24 cm再生混凝土路面。施工时全部按照普通道路施工操作方法,而无须采用特殊手段,经过数年的通车使用,目前使用状况正常,与相邻其他路段对比,没有什么区别。再生骨料基层路面弯沉检测和再生混凝土现场抽检结果表明,试验路段与普通生产路段没有本质上的差别,均满足设计弯沉的要求,并随着通车使用还有所降低,符合半刚性基层的要求;再生水泥混凝土无论是抗压强度还是抗折强度都满足研究过程中所提的设计要求。张超等结合该工程进行了研究,研究结果表明再生骨料能够满足在半刚性基层或水泥混凝土中应用的技术要求,再生骨料混凝土除耐磨性稍差之外与普通混凝土无明显差别。

### 8.1.3 上海市某城郊公路

上海市某城郊公路,由于原混凝土路面大部分路段破损较为严重,道路的平整度较差,雨后积水,严重影响了车辆的正常通行,经过有关部门的批准,拟对原混凝土路面进行改扩建。在原路面改扩建过程中,为了充分利用这些废混凝土,保护周围环境,采用50%的RCA(再生骨料)代替NCA(天然骨料),修建一段长400 m的钢纤维混凝土路面作为试验路面。王军龙、肖建庄等对含50%再生粗集料的钢纤维再生混凝土路面进行了较为系统的研究。首先,在室内对再生粗骨料的密度、磨耗率、压碎指标等基本性能进行了测试;然后,针对拟定的三组不同配合比的钢纤维再生混凝土试件,在室内进行了抗折强度、抗压强度等试验;最后,根据试验结果并结合工程经验,选取了一组较为理想的钢纤维再生混凝土配合比,完成了钢纤维再生混凝土路面的施工。结果证明:

(1)使用50%的RCA取代NCA在Ⅱ级水泥混凝土路面中的应用是安全可靠的,它不仅可以节省天然资源,而且可以保护环境。

(2)在再生混凝土中掺入钢纤维形成SRC,不仅能够有效地抑制再生混凝土裂缝的形成,而且可以提高再生混凝土的抗拉和抗弯强度,增强其韧性和抗冲击能力,使得SRC的抗折强度能够达到和普通混凝土路面相同的标准,但钢纤维的掺入对其抗压强度的影响很小。

(3)SRC路面的施工和养护等可以沿用普通混凝土路面的施工和养护方法,同时建议工程设计和施工人员应从环保和节能角度考虑,尽量回收废混凝土作为再生材料加以利用。

(4)SRC路面的疲劳性能、接缝及温度应力、耐久性等还有待于进一步研究。

## 8.2 再生骨料混凝土在建筑工程中的应用

目前,我国再生骨料混凝土在建筑工程中的应用较少,但应用实例涵盖基础、柱、剪力墙、梁、板多种部位，且均满足工程质量要求。

### 8.2.1 青岛某景园6号工程

青岛市某景园工程为小港湾安置区，位于小港湾片区东部。该工程是青岛市重点工程，一类建筑；工程地下2层为地下车库及设备用房，地上1、2层为配套公建，3层以上为住宅。住宅主楼最高33层，高度97.85 m，网点2层，地下2层；工程结构形式主要为框架结构，剪力墙、短肢剪力墙结构，基础形式为柱下独立基础、墙下条形基础及部分筏板基础，裙房底板部分设有抗浮锚杆。地下室网点混凝土强度等级C40，住宅混凝土强度等级C30。

该工程24层的结构混凝土进行了再生混凝土的工程应用。应用再生混凝土强度等级C40，数量约320 $m^3$，整个结构层分三部分，采用不同配比（表8.1）。

**表8.1 混凝土配合比**

| 材料 | 水泥 /($kg \cdot m^{-3}$) | 矿粉 /($kg \cdot m^{-3}$) | 砂率 /% | 水胶比 | 再生骨料取代率/% |
|---|---|---|---|---|---|
| C40 | 250 | 105 | 42 | 0.51 | 0 |
| | 250 | 105 | 42 | 0.51 | 40 |
| | 250 | 105 | 42 | 0.51 | 70 |
| | 250 | 105 | 42 | 0.51 | 100 |

再生粗骨料来源于青岛即墨拆除桥梁的混凝土废弃物，经过分选，使用颚式破碎机进行一级破碎成5～31.5 mm石子，然后使用颗粒整形机对颗粒进行整形，得到5～25 mm连续级配的再生粗骨料。C40再生骨料混凝土采用5～31.5 mm连续粒级的再生粗骨料，按照40%、70%、100%的取代率取代天然粗骨料进行配制生产。混凝土生产采用3 $m^3$双卧轴强制式搅拌机生产，混凝土的出机坍落度均大于190 mm，到达施工现场后依然满足泵送要求，混凝土的实际强度和回弹值见表8.2和表8.3。

表 8.2　再生泵送混凝土强度

| 再生粗骨料取代率/% | 标准养护混凝土强度/MPa | | | |
|---|---|---|---|---|
| | 3 d | 7 d | 18 d | 28 d |
| 40 | 29.0 | 36.6 | 43.1 | 45.8 |
| 70 | 22.9 | 31.2 | 35.9 | 46.4 |
| 100 | 26.6 | 35.6 | 38.5 | 45.6 |

表 8.3　再生骨料混凝土回弹值(28 d)(MPa)

回弹值部位:海逸景园 6 号楼 24 层　回弹时间:2009.8.22

浇筑时间:2009.7.25

| 回弹位置 | 回弹值记录 | | | | | | | |
|---|---|---|---|---|---|---|---|---|
| | 1 | 2 | 3 | 4 | 5 | 6 | 7 | 8 |
| 40% 取代区域 | 45.0 | 43.8 | 46.3 | 42.5 | 45.0 | 45.0 | 43.8 | 46.3 |
| | 47.5 | 45.0 | 46.3 | 43.8 | 47.5 | 45.0 | 42.5 | 46.3 |
| 70% 取代区域 | 43.8 | 45.0 | 46.3 | 47.5 | 45.0 | 43.8 | 46.3 | 47.5 |
| | 46.3 | 45.0 | 46.3 | 46.3 | 43.8 | 45.0 | 45.0 | 46.3 |
| 100% 取代区域 | 45.0 | 45.0 | 46.3 | 47.5 | 46.3 | 46.3 | 45.0 | 47.5 |
| | 43.8 | 42.5 | 45.0 | 46.3 | 47.5 | 47.5 | 46.3 | 47.5 |

这是国内首次将 C40 再生混凝土批量用于实际工程。经青岛市科学技术局鉴定,该项成果达到了国际先进水平。

## 8.2.2　青岛某馨园工程

该工程位于青岛市四方区,基地南侧为原有住宅,北侧为规划路,东邻瑞昌路,西邻兴德路。该项目共包括 4 幢多层住宅(1 ~ 4 号楼)、8 幢高层住宅(5 ~ 12 号楼)、1 座幼儿园和 1 座会所。各楼座编号、类型及主要特征见表 8.4。

表 8.4　各楼座编号、类型及主要特征

| 楼座编号 | 类型 | 层数 | 总高度/m | 地下室设置 | 结构形式 |
|---|---|---|---|---|---|
| 1 ~ 2 | 多层住宅 | 6 | 17.8 | 无 | 砖混结构 |
| 3 ~ 4 | 多层住宅 | 6 | 17.8 | 无 | 砖混结构 |
| 5 | 高层住宅 | 28 | 80.2 | 一层地下室 | 剪力墙结构 |
| 6 ~ 8 | 高层住宅 | 32 | 91.4 | 地下管线夹层及车库 | 剪力墙结构 |
| 9 ~ 10 | 高层住宅 | 20 | 57.8 | 一层地下室 | 剪力墙结构 |
| 11 | 高层住宅 | 23 | 66.2 | 一层地下室 | 剪力墙结构 |
| 12 | 高层住宅 | 21 | 60.6 | 一层地下室 | 剪力墙结构 |
| 13 | 幼儿园 | 2 | 11.55 | 无 | 框架结构 |
| 14 | 会所 | 3(局部 2) | 12.6 | 无 | 框架结构 |

5号楼单位工程使用再生混凝土。5号楼属于剪力墙结构高层住宅，地上部分建筑层高为2.8 m，建筑物总高度为80.2 m，单层建筑面积为800 $m^2$。结构形式为剪力墙结构，剪力墙厚度主要为200 mm，板厚度主要为100 mm和120 mm，垫层混凝土强度等级为C15，结构混凝土强度等级为C35、C30。混凝土的生产由有资质的商品混凝土生产厂家进行，运输车辆应符合《混凝土搅拌运输车》（JG/T 5094—1997）的规定，再生混凝土强度的检验应按国家标准《混凝土强度检验评定标准》（GB/T 50107—2010）进行。

采用再生混凝土的工程部位为结构顶钢筋混凝土装饰构架，主要结构形式为剪力墙和结构梁，剪力墙厚度为200 mm，结构梁截面主要尺寸为200 mm×1 000 mm和200 mm×1 500 mm，混凝土强度等级为C25，再生混凝土使用量为40 $m^3$。再生混凝土浇筑时间为2009年8月，现场采用塔吊吊斗浇筑方式，现场留置混凝土试件三块，试件尺寸为1 500 mm×1 000 mm×120 mm。

再生骨料混凝土拌合物应采用机械振捣成型，并尽可能采用插捣成型。工程应用表明混凝土成型质量差异不大，如图8.1、图8.2所示。

图8.1 再生混凝土成型照片

混凝土成型后及时进行覆盖和洒水养护，混凝土模板（含侧模）的拆除时间不少于14 d。底模的拆除遵照混凝土结构施工及验收规范进行，洒水养护时间不少于14 d。

经过上述两个工程的实际应用，可得出结论，再生混凝土各项性能与普通混凝土无明显差异，但也需注意以下问题：工作性能按泵送混凝土施工方法考虑在实验室配合比基础上，调整砂率至42%，调整水胶比至0.51，混凝土泵送

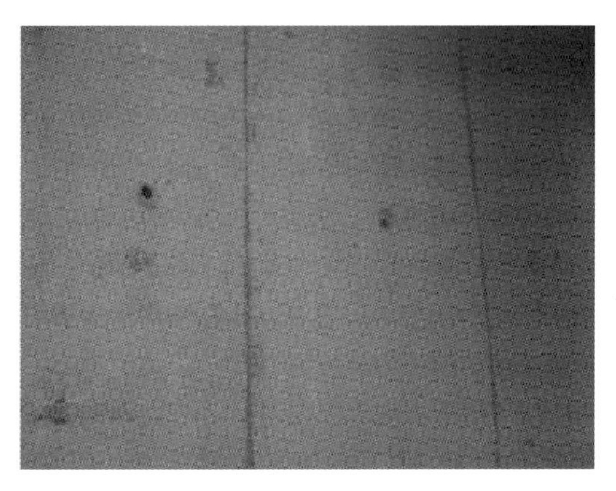

图 8.2　普通混凝土成型照片

满足生产需要，泵送效果较好，但再生骨料在加工过程中不可避免地夹有原废混凝土中的短钢筋等杂物，应进行分拣，以免对地泵和泵管造成破坏和堵塞。

### 8.2.3　北京建筑工程学院试验 6 号楼

工程位于北京市西城区展览路 1 号北京建筑工程学院校内。主体建设时间为 2007 年 9 月。该楼共 3 层，最大跨度 12 m，最大柱高 4.2 m，剪力墙厚度为190 mm。混凝土设计等级均为 C30。由于该楼地基较软，该楼采用独立柱基础加地梁结构，基础柱高 3 m，楼的垫层，基础柱，底梁，一、二层楼板，梁，柱及剪力墙均采用再生混凝土(图 8.3)。

图 8.3　试验 6 号楼施工情况

该工程再生混凝土用的再生骨料为建筑垃圾全级配骨料,由北京元泰达环保建材科技有限责任公司生产。全级配骨料是废混凝土破碎后不经筛分所得到的全部骨料。骨料原料为该厂收集来的废混凝土建筑垃圾,包括混凝土基础、混凝土路沿石、混凝土板、柱构件、混凝土搅拌站废混凝土等多种原料。预拌混凝土生产单位是北京新奥混凝土有限公司。

由于北京建筑工程学院土木与交通学院新试验楼工程的墙柱的钢筋密度大,施工场地狭小,浇筑设备及时间受限,施工方采用泵车泵送混凝土,要求再生混凝土在保证强度的同时有良好的流动性。为此,项目组进行了大量的实验室配合比试验,仅在搅拌站实验室就进行了 52 个配比,182 组的试验研究,解决了再生骨料吸水量大、坍落度损失快等一系列问题,提出了确保工程质量的施工配比。再生混凝土浇筑时坍落度均在 160 mm 以上,最高达 230 mm 以上,接近自流平混凝土,适应一般工程的施工与等待时间,无离析和泌水,成型后外观质量良好,未见明显裂缝。现场所留 17 组混凝土试块 28 d 强度均大于设计强度等级要求,最小值 33.0 MPa,最大值 44.7 MPa,平均抗压强度为 38.5 MPa,达到设计强度的 128%,标准差 3.3 MPa,达到混凝土质量控制优级水平。

结构竣工后,对该楼的现场实体利用回弹法进行全面检测,再生混凝土结构平均强度为 34.5 MPa,为设计强度的 115%。再生混凝土现场留样经 100 次冻融循环后,质量损失为 0.1%,强度损失为 4.4%,氯离子渗透系数为 1.861 $cm^2/s$,达到中等水平,满足混凝土耐久性的标准要求。现场再生混凝土剪力墙留样的导热系数为 0.31 W/(m·K),小于黏土烧结砖 0.78 W/(m·K),实测 190 mm 厚再生混凝土墙 20 mm 内砂浆的传热系数为 2.94 W/($m^2$·K),小于250 mm厚的普通混凝土剪力墙的传热系数 2.96 W/($m^2$·K)。再生砖填充墙(300 mm+70 mm 内外砂浆)的传热系数为 1.69 W/($m^2$·K),略高于该楼陶粒空心砌块填充墙(300 mm+70 mm 内外砂浆)的传热系数 1.39 W/($m^2$·K)。保温总体效果与目前常用建筑材料差别不大,配以其他措施后完全可以应用于节能建筑。该楼顺利通过工程验收,已投入正常的教学使用近一年时间,该楼墙体表面裂纹经结构专家鉴定均属砂浆裂纹,无结构裂纹,未见工程结构质量问题。

### 8.2.4 北京昌平亭子庄污水处理池工程

北京市昌平亭子庄污水处理池试验建筑是奥运新农村配套项目,施工时间为 2007 年 10 月,为全现浇剪力墙结构。剪力墙厚度 250 mm,墙高度 4.2 m,墙、顶板均为建筑垃圾全级配再生混凝土，所用再生骨料是经筛分所得到的粗、细骨料，设计强度为C25，由北京班诺混凝土有限公司生产预拌混凝土。施工浇筑方式为漏斗自落式，要求混凝土的施工性良好。经搅拌站试配，完全满足施工要求，混凝土实测值为37 MPa，达到设计强度的148%，工程验收合格，已交付使用(图8.4)。

图8.4 污水处理池工程

以上两个项目已经通过由北京市住房和城乡建设委员会组织并主持的科技成果鉴定会鉴定。与会专家认为建筑垃圾再生混凝土具有良好的施工性能，满足设计强度C30和耐久性要求；研究成果表明建筑垃圾资源化再生具有巨大的社会、环境和经济效益。项目组使用建筑垃圾再生骨料配制和生产大流动性现浇混凝土，在国内率先将其应用于混凝土房屋结构工程，成果达到国际先进水平。

## 8.2.5 北京昌平十三陵新农村建设示范工程

这是一个在建工程，其中应用了建筑垃圾(碎砖含量为5%～10%)再生混凝土和再生砖，再生混凝土粗、细骨料均为建筑垃圾，再生砖为带有装饰面层的古建砖。地板、基础梁、楼板、构造柱、圈梁和屋顶水沟等部位应用再生混凝土，所有墙体和基础都是再生砖。该工程相关图片如图8.5、图8.6所示。

图 8.5　十三陵新农村建设示范工程用再生骨料

图 8.6　十三陵新农村建设示范工程

### 8.2.6　“沪上·生态家”工程

上海城建物资有限公司应用再生骨料混凝土，顺利完成了“沪上·生态家”工程基础部分 700 多立方米的混凝土浇筑。“沪上·生态家”工程位于上海浦西世博园内（原南市发电厂），是 2010 年上海世博会永久性场馆之一。作为国内首座“零能耗”生态示范住宅，“沪上·生态家”采用了上海市重大科技攻关项目——生态建筑技术研究及十大系统集成技术。其中，运用绿色节能、新型材料是该工程设计建造的重要宗旨。该工程所用混凝土全部采用

"循环经济"的高性能再生混凝土,计划用量约3 000 $m^3$。"沪上·生态家"采用的高性能再生骨料混凝土是一种循环利用的资源,它以大掺量的粉煤灰、矿渣粉等工业废料部分取代水泥,利用废混凝土破碎加工形成的再生骨料取代碎石作为混凝土的骨料,采用高效减水剂改善混凝土性能,形成了这种与普通混凝土具有同等使用寿命的再生混凝土(图8.7)。

图8.7 沪上·生态家

# 8.3 日本再生骨料混凝土的应用

## 8.3.1 东京平和岛A-1栋仓库工程

**1. 工程概况**

旧建筑(A栋):1970年建造的仓库;4层钢筋混凝土结构;总建筑面积为68 309 $m^2$。改建前的旧仓库状况如图8.8所示。

改建后建筑(A-1栋):6层钢骨钢筋混凝土结构;总建筑面积为62 132 $m^2$;施工工期为2002年5月~2004年2月。改建后的仓库效果如图8.9所示。

**2. 再生骨料的制备**

该工程中再生骨料的制备和再生骨料混凝土的生产均在施工现场进行。

在现场拆除旧建筑过程中回收的废混凝土块,通过加热研磨法可制成再

图 8.8 改建前的旧仓库状况

图 8.9 改建后的仓库效果图

生细骨料、再生粗骨料和再生微粉，其外观如图 8.10 ~ 8.12 所示。高品质的再生粗骨料和再生细骨料的性能接近天然骨料，其性能指标见表 8.5。加热研磨法再生骨料制备设备外观如图 8.13 所示，为可拆卸式设备，经过 1 年多的加工生产，回收处理了 34 500 t 废混凝土。再生粗骨料的回收率约为 35%，再生细骨料的回收率约为 21%，全体回收率约为 56%。余下部分为再生微粉，可作为地基土壤改良、水泥原材料等进行有效利用。

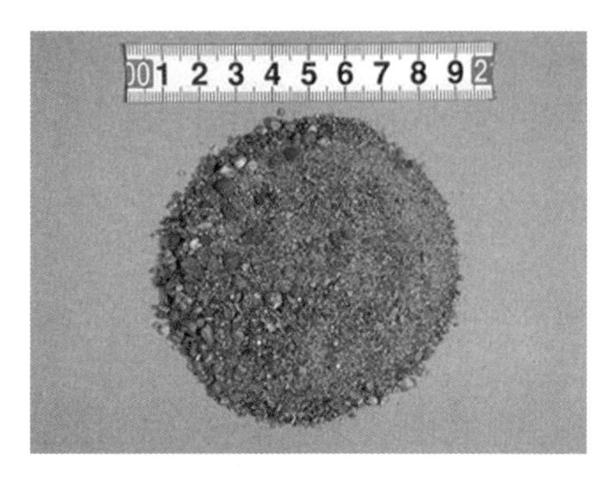


图 8.10　再生细骨料

图 8.11　再生粗骨料

图 8.12　再生微粉

**表 8.5 再生粗骨料和再生细骨料的性能指标**

| 指标 | 再生粗骨料 | 再生细骨料 |
| --- | --- | --- |
| 表观密度/(g·cm$^{-3}$) | 2.59 | 2.53 |
| 吸水率/% | 1.57 | 2.77 |
| 空隙率/% | 34.5 | 36.2 |
| 微粉含量/% | 0.27 | 1.64 |
| 氯化物含量/% | 0 | 0.002 |
| 碱骨料反应 | 无害 | 无害 |
| 轻物质含量/% | 0.3 | 0.2 |

图 8.13 加热研磨法再生骨料制备设备外观

实际生产过程中,再生粗骨料和再生细骨料的性能指标应严格控制在一定范围内。图 8.14、图 8.15 分别表示再生粗骨料和再生细骨料的表观密度实测值的情况。

**3. 再生骨料混凝土的生产**

该工程在施工现场设置了临时混凝土搅拌站。生产的混凝土共有再生细骨料-再生粗骨料混凝土(RR)、再生细骨料-天然粗骨料混凝土(RN)、天然细骨料-再生粗骨料混凝土(NR)、天然细骨料-天然粗骨料混凝土(NN)四种类型,其中再生骨料混凝土约为 12 500 m$^3$。混凝土的配合比设计见表 8.6。现场再生骨料混凝土生产状况如图 8.16 所示。

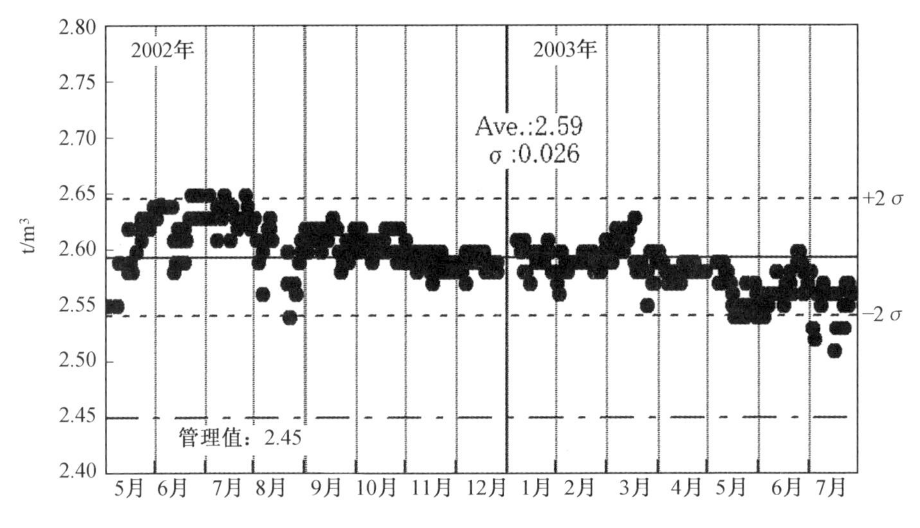


图 8.14　再生粗骨料表观密度实测值

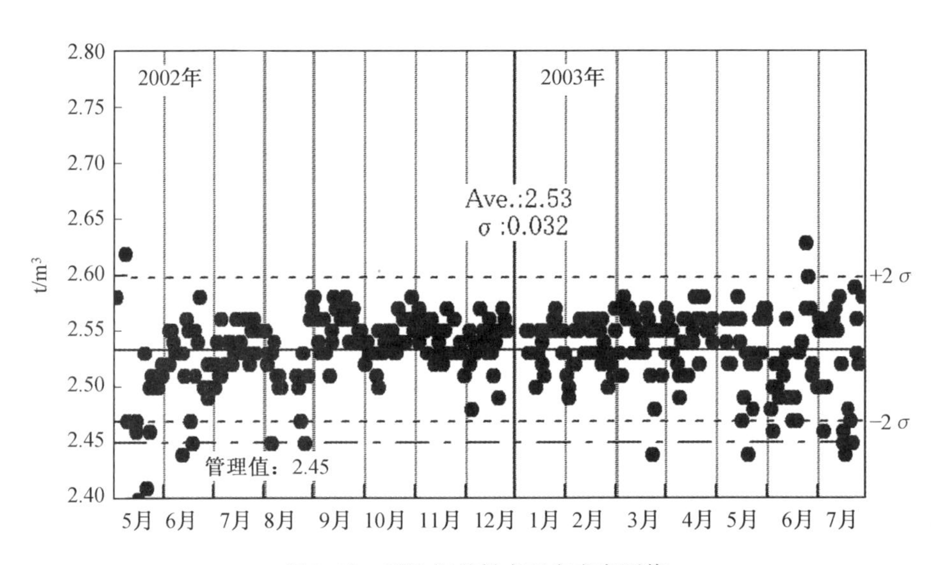


图 8.15　再生细骨料表观密度实测值

表 8.6 混凝土的配合比设计

| 类型 | 水灰比/% | 材料/($kg \cdot m^{-3}$) | | | |
|---|---|---|---|---|---|
| | | 水泥 | 水 | 细骨料 | 粗骨料 |
| RR | 51.7 | 323 | 167 | 792 | 1 011 |
| | 48.4 | 347 | 168 | 769 | 1 011 |
| | 45.5 | 374 | 170 | 743 | 1 011 |
| RN | 54.4 | 320 | 174 | 829 | 972 |
| | 50.4 | 345 | 174 | 808 | 972 |
| | 47.0 | 372 | 175 | 783 | 972 |
| NR | 51.7 | 323 | 167 | 722 | 1 080 |
| | 48.4 | 347 | 168 | 699 | 1 080 |
| | 45.5 | 374 | 170 | 673 | 1 080 |
| NN | 54.4 | 320 | 174 | 810 | 988 |
| | 50.4 | 345 | 174 | 789 | 988 |
| | 47.0 | 372 | 175 | 764 | 988 |

图 8.16 现场再生骨料混凝土生产状况

图 8.17、图 8.18 分别表示再生骨料日常检验情况和再生骨料混凝土质量检查情况。图 8.19 ~ 8.21 分别表示再生混凝土的坍落度、含气量以及抗压强度值的实测情况。

**4. 工程施工情况**

该工程 2002 年 5 月开始施工,2004 年 2 月竣工,历时一年零九个月。工

图 8.17　再生骨料取样日常检验情况

图 8.18　再生骨料混凝土质量检查情况

程整体施工过程如图 8.22 ~8.27 所示。

**5. 再生微粉的利用**

再生微粉除可以作为水泥原材料有效利用外，还可以作为土壤加固剂来使用，起到加固地基、提高地基承载力和增加不透水性的作用。图 8.28、图 8.29分别表示土壤加固材料的搅拌情况和施工状况。

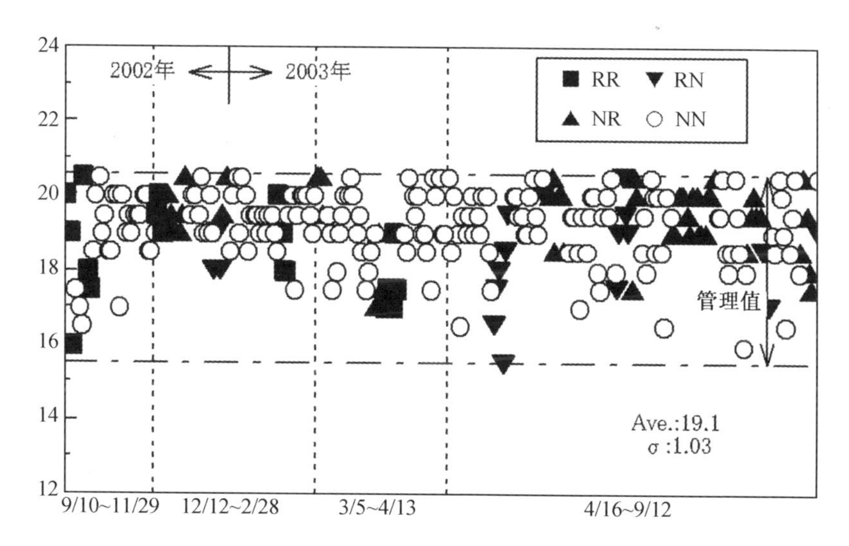


图 8.19 再生混凝土的坍落度实测情况

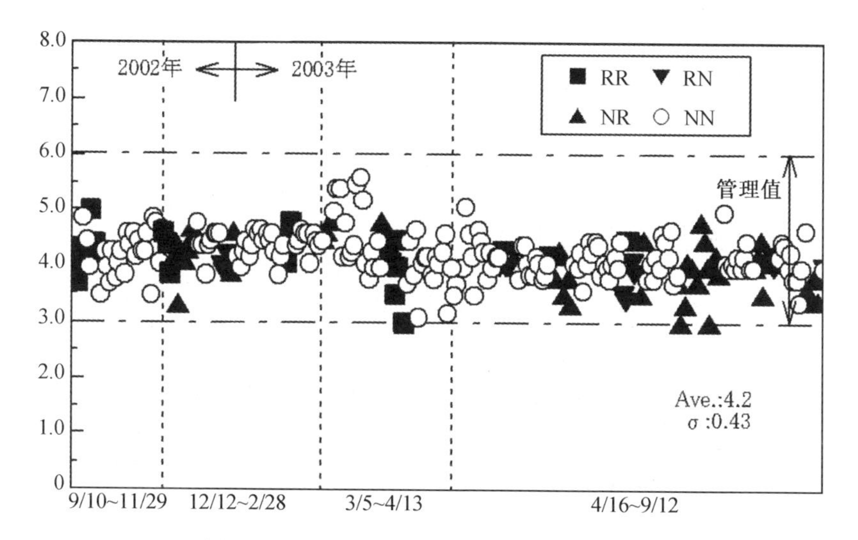


图 8.20 再生混凝土的含气量实测情况

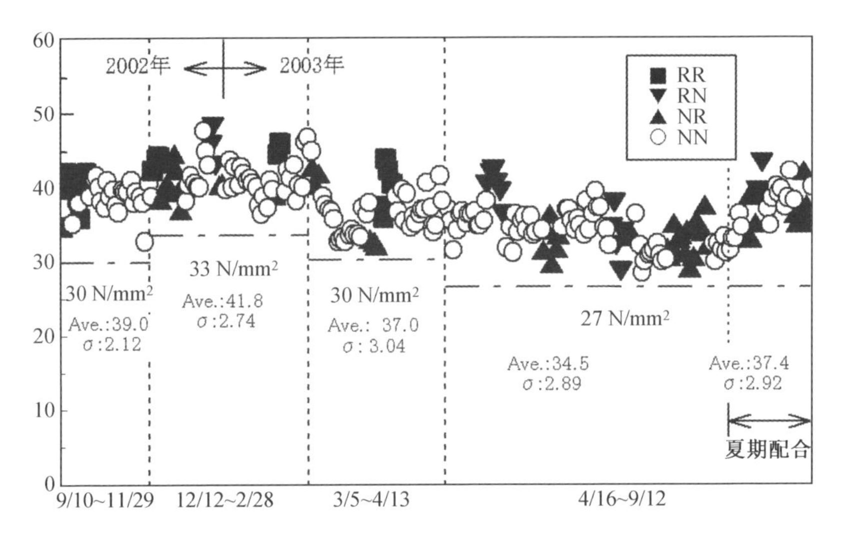


图 8.21 再生混凝土的抗压强度值实测情况

图 8.22 2002 年 4 月施工状况

图 8.23　2002 年 8 月施工状况

图 8.24　2002 年 11 月施工状况

图 8.25　2003 年 2 月施工状况

图 8.26　2003 年 8 月施工状况

图 8.27　2003 年 10 月施工状况

图 8.28　土壤加固材料的搅拌情况

图 8.29　土壤加固材料的施工状况

## 8.3.2　东京牟礼团地第 1 住宅楼礼堂工程

### 1. 工程概况

旧建筑名称:东京牟礼团地 12 号楼(东京都三鹰市)。1956 年建造的住宅楼;4 层钢筋混凝土框架结构;总建筑面积为 1 283 $m^2$。改建前的住宅楼状况如图 8.30 所示。

图 8.30　改建前的住宅楼状况

新建筑(为旧建筑改建的一部分)名称:东京牟礼团地第 1 住宅楼礼堂。1 层钢筋混凝土剪力墙框架结构;建筑面积为 169 $m^2$。改建后的住宅楼礼堂状况如图 8.31 所示。

图 8.31 改建后的住宅楼礼堂状况

**2. 再生骨料的制备**

该工程采用的再生粗骨料是高品质再生粗骨料 H 和中品质再生粗骨料 M 两种。

拆除旧建筑(东京牟礼团地 12 号楼)过程中回收的废混凝土块,通过球磨研磨法制成再生粗骨料 H,通过卧式回转研磨法制成再生粗骨料 M,再生粗骨料外观如图 8.32、图 8.33 所示。高品质的再生粗骨料 H 和中品质再生粗骨料 M 的性能指标见表 8.7。球磨研磨法和卧式回转研磨法制备再生粗骨料的生产能力均为每小时 30 t。通过球磨研磨法得到的再生粗骨料、再生细骨料和再生微粉分别为 38.8%、47.5% 和 13.7%,通过卧式回转研磨得到的再生粗骨料和再生细骨料(包括再生微粉)分别为 60.0% 和 40.0%。

**表 8.7 再生粗骨料性能指标**

| 指标 | 再生粗骨料 H | 再生粗骨料 M |
| --- | --- | --- |
| 表观密度/($g \cdot cm^{-3}$) | 2.50 | 2.36 |
| 吸水率/% | 2.28 | 4.66 |
| 空隙率/% | 37.0 | 37.7 |
| 微粉含量/% | 0.2 | 1.5 |
| 氯化物含量/% | 0.001 | 0 |
| 碱骨料反应 | 无害 | 无害 |

图 8.32　高品质再生粗骨料 H 外观

图 8.33　中品质再生粗骨料 M 外观

**3. 再生混凝土性能实验**

为了把握再生骨料混凝土的性能,对两种骨料混凝土提前进行了和易性、强度以及耐久性实验。结果表明,再生骨料混凝土的各项性能与普通混凝土无明显差异,可以满足普通混凝土性能标准要求。试验情况如图 8.34 所示。

图 8.34　再生骨料混凝土室内试验情况

**4. 工程施工情况**

该工程采用的两种再生骨料混凝土的设计基准强度均为 24 MPa,混凝土实际强度为 33 MPa。再生粗骨料 H 混凝土和再生粗骨料 M 混凝土的浇筑量均为30 $m^3$,浇筑部位是楼板和墙体,其他部位浇筑的是普通混凝土。混凝土的输送通过混凝土泵进行,振捣通过振动棒进行。再生骨料混凝土卸料情况和现场混凝土取样试验情况如图 8.35、图 8.36 所示。工程施工情况如图 8.37 ~8.39 所示。

图 8.35　再生骨料混凝土卸料情况

图 8.36　现场再生骨料混凝土取样试验情况

图 8.37　楼板混凝土浇筑情况

(a) 再生粗骨料 H 混凝土

(b) 再生粗骨料 M 混凝土

图 8.38　再生骨料混凝土墙体外观情况(6 个月)

图 8.39　新建筑外观(7 个月)

# 附录　再生混凝土涉及的常用技术标准/规范

| 标准/规范名称 | 编号 |
| --- | --- |
| 《混凝土用再生粗骨料》 | GB/T 25177—2010 |
| 《混凝土和砂浆用再生细骨料》 | GB/T 25176—2010 |
| 《再生骨料应用技术规程》 | JGJ/T 240—2011 |
| 《建筑用砂》 | GB/T 14684—2011 |
| 《混凝土结构耐久性设计规范》 | GB/T 50476—2008 |
| 《普通混凝土用砂、石质量及检验方法标准》 | JGJ 52—2006 |
| 《轻集料及其试验方法》 | GB/T 17431.2—1998 |
| 《普通混凝土长期性能和耐久性能试验方法标准》 | GB/T 50082—2009 |
| 《自密实混凝土应用技术规程》 | CECS 203:2006 |
| 《自密实混凝土设计与施工指南》 | CCES 02—2004 |
| 《混凝土搅拌运输车》 | JG/T 5094—1997 |
| 《混凝土强度检验评定标准》 | GB/T 50107—2010 |

# 参 考 文 献


[1] 废弃物学会.废弃物手册[M].金东振,金晶立,金永民,等译.北京:科学出版社,2004.

[2] 刘贵文,陈露坤.香港建筑垃圾的管理及对内地城市的启示[J].生态经济(学术版),2007(02):227-230.

[3] 宁利中,刘晓峰,王庆永,等.建筑固体废物资源化综合利用石峰[J].水资源与水工程学报,2007(5):39-42.

[4] 刘数华,冷发光.再生混凝土技术[M].北京:中国建材工业出版社,2007.

[5] 杜婷,李惠强.强化再生集料混凝土的力学性能[J].混凝土与水泥制品,2003(2):18-20.

[6] 肖建庄.再生混凝土[M].北京:中国建筑工业出版社,2008:164-165.

[7] 王罗春,赵由才.建筑垃圾处理与资源化[M].北京:化学工业出版社,2004:7.

[8] 毋雪梅,杨久俊,黄明.建筑垃圾磨细粉作矿物掺合料对水泥物理力学性能的影响[J].新型建筑材料,2004(4):16-18.

[9] 张长森,祁非.建筑垃圾作水泥混合材的试验研究[J].环境污染治理技术与设备,2004(9):41-43 .

[10] 何池全,智光源,钱光人.建筑垃圾制作植被生态混凝土的试验研究[J].建筑材料学报,2007(5):592-593.

[11] 王武祥.粉煤灰改性再生废砖骨料混凝土性能的研究[J].建筑砌块与砌块建筑,2007(1):12-14.

[12] 李云霞,李秋义,赵铁军.再生骨料与再生混凝土的研究进展[J].青岛理工大学学报,2005(5):16-19.

[13] 孙跃东,肖建庄.再生混凝土骨料[J].混凝土,2004(6):33-36.

[14] 杜婷,李惠强,吴贤国.再生混凝土的研究现状和存在问题[J].建筑技术,2003(2):133-135.

[15] 王武样,刘立,尚礼忠,等.再生混凝土集料的研究[J].水泥与混凝土制品,2001(4):9-12.

[16] 宋瑞旭等.高强度再生骨料和再生高性能混凝土试验研究[J].混凝土,2003(2):29-31.

[17] 宋瑞旭,万朝均,王冲,等.粉煤灰再生骨料混凝土试验研究[J].新型建

筑材料,2003(2):26-28.
[18] 邱怀中,何雄伟,万惠文,等.改善再生混凝土工作性能的研究[J].武汉理工大学学报,2003(12):34-37.
[19] 孙跃东,肖建庄.再生混凝土骨料[J].混凝土,2004(6):33-36.
[20] 邢锋,冯乃谦,丁建彤.再生骨料混凝土[J].混凝土与水泥制品,1999(2):10-13.
[21] 肖开涛.再生混凝土的性能及其改性研究[D].武汉:武汉理工大学,2004.
[22] 杜婷,李惠强.强化再生骨料混凝土的力学性能研究[J].混凝土与水泥制品,2003(2):19-20.
[23] 李秋义,王志伟,李云霞.加热研磨法制备高品质再生骨料的研究[A]//智能与绿色建筑文集[C].北京:中国建筑工业出版社,2005:883-889.
[24] 屈志中.钢筋混凝土破坏及其利用技术的新动向[J].建筑技术,2001,32(2):102-104.
[25] 李秋义,李云霞,朱崇绩,等.再生混凝土骨料强化技术研究[C].杭州:全国高强与高性能混凝土及其运用专题研讨会,2005:405-412.
[26] 中国建筑科学研究院.普通混凝土用碎石、卵石质量标准及检验方法:JGJ 53—2006[S].北京:中国建筑工业出版社,2006.
[27] 李秋义,李云霞,朱崇绩,等.再生混凝土骨料强化技术研究[J].混凝土,2006(1):74-77.
[28] 李秋义,李云霞,朱崇绩.颗粒整形对再生粗骨料性能的影响[J].材料科学与工艺,2005(6):579-585.
[29] 李占印.再生混凝土性能的试验研究[D].西安:西安建筑科技大学,2003.
[30] 邢振贤,周日农.再生混凝土的基本性能研究[J].华北水利水电学报,1998,19(2):30-32.
[31] 肖建庄,李佳彬,孙振平,等.再生混凝土抗压强度研究[J].同济大学学报,2004,(12):1558-1561.
[32] 徐亦冬.再生混凝土高强高性能化的试验研究[D].长沙:中南大学,2003.
[33] 肖开涛,林宗寿,等.废弃混凝土的再生利用研究[J].国外建筑科技,2004,25(1):7-8.
[34] 李茂生,周庆刚.高性能自密实混凝土在工程中的应用[J].建筑技术,

2002,32(1):39-40.
[35] 王德辉. 粗骨料对自密实混凝土工作性能的影响[J]. 重庆建筑,2010,9(5):20-23.
[36] MALIER Y. High performance concrete [M]. E&FNSPON, 1992.
[37] 翁友法,吕家良. 自密实混凝土的研究现状及其发展方向[J]. 中国港湾建设,2002(2):16-18.
[38] 胡众. 高性能自密实混凝土性能研究及工程应用[D]. 合肥:合肥工业大学,2009,4.
[39] 姚武. 绿色自密实混凝土[M]//材料科学与工程. 北京:化学工业出版社,2005,9.
[40] 李占印. 再生混凝土性能的试验研究[D]. 西安:西安建筑科技大学,2003.
[41] 范小平,徐银芳. 再生骨料混凝土的开发利用[J]. 建筑技术开发,2003,30(10):46-47.
[42] 肖建庄,李佳彬,兰阳. 再生混凝土技术研究最新进展与评述[J]. 混凝土,2003(10):17-21.
[43] 姚武. 绿色混凝土[M]. 北京:化学工业出版社,2005. 9:106-107.
[44] 钱觉时. 粉煤灰特性与粉煤灰混凝土[M]. 北京:科学出版社,2002: 45-54.
[45] 鲁丽华,潘桂生. 不同掺量粉煤灰混凝土的强度试验[J]. 沈阳工业大学学报, 2009, 31 (1): 107-111.
[46] 杨树桐,吴智敏. 自密实混凝土力学性能的试验研究[J]. 混凝土, 2005, 183 (1): 33-37.
[47] 陈益民,许仲梓. 高性能水泥制备和应用的科学基础[M]. 北京:化工出版社,2008.
[48] 陈雷,等. 粉煤灰和矿渣双掺对混凝土性能影响的研究[J]. 粉煤灰综合利用,2007(2).
[49] 孟志良,等. 低强度自密实混凝土基本力学性能试验研究[J]. 混凝土,2009(6):12-15.
[50] 姚燕,王玲,田培. 高性能混凝土[M]. 北京:化学工业出版社,2006(9).
[51] 冯世亮,等. 双掺粉煤灰和矿渣自密实混凝土的研制[J]. 广东建材,2008(6):41-43.
[52] 陈成意. 粉煤灰复合矿渣粉在高性能混凝土中的作用[J]. 混凝土,2009

(8).
[53] 齐永顺,杨玉红. 自密实混凝土的研究现状分析及展望[J]. 混凝土,2007(1).
[54] 陈荣生. 超细矿粉和聚合物改性的水泥基高性能材料研究[D]. 杭州:浙江工业大学,2002.
[55] 段吉祥,杨延军,秦灏如. 水泥水化过程中的热现象研究[J]. 工程兵工程学院学报,1999(14):367-371.
[56] 李茂生,周庆刚. 高性能自密实混凝土在工程中的应用[J]. 建筑技术,2002. 32(1):39-40.
[57] 陈春珍. 自密实混凝土性能及工程应用研究[D]. 北京:北京工业大学,2010.
[58] 胡众. 高性能自密实混凝土性能研究及工程应用[D]. 合肥:合肥工业大学,2009,4.
[59] 王坤. 青岛地铁高性能衬砌混凝土试验研究[D]. 青岛:青岛理工大学,2010.
[60] 宋晓冉. 绿色高性能自密实混凝土的性能研究[D]. 青岛:青岛理工大学,2010.
[61] 陈飞. 冻融条件下引气混凝土多轴强度的试验研究[D]. 大连:大连理工大学,2005.
[62] 余安明. 干燥大温差气候下混凝土含水量测定与显微结构的研究[D]. 武汉:武汉理工大学,2007.
[63] 计涛. 碳纤维混凝土力学性能及耐久性研究[D]. 哈尔滨:哈尔滨工业大学,2004.
[64] 伍中平. 高强自密实混凝土设计与抗裂性能研究[D]. 北京:北京工业大学,2005.
[65] 李高建,等. 沥青混凝土路面病害成因及对策浅析[J]. 中国高新技术企业,2007.
[66] 姚燕,王玲,田培. 高性能混凝土[M]. 北京:化学工业出版社,2006,9.
[67] 冯乃谦. 新实用混凝土大全[M]. 北京:科学出版社,2005.
[68] 田洪臣,段绪胜,王福忠,等. 建筑垃圾的综合应用[J]. 山东农业大学学报(自然科学版),2006,37(1):109-110.
[69] 张巨松,李晓. 自密实混凝土[M]. 哈尔滨:哈尔滨工业大学出版社,2017,8.